Studienskripten zur Soziologie

20 Scheuch/Kutsch, Grundbegriffe der Soziologie
Bd.1 Grundlegung und Elementare Phänomene
ca. 200 Seiten

21 Scheuch/Kutsch, Grundbegriffe der Soziologie
Bd.2 Komplexe Phänomene und
Systemtheoretische Konzeptionen
ca. 160 Seiten

23 H. Sahner, Schließende Statistik
(Statistik für Soziologen, Bd.2)
188 Seiten, DM 6,80

Weitere Bände in Vorbereitung

Zu diesem Buch

Moderne Datenverarbeitungsanlagen schaffen neue Möglichkeiten der Analyse von Daten der empirischen Sozialforschung. Die Bedeutung der Datenverarbeitung wird noch weiter zunehmen.

Dieses Studienskriptum gibt eine Einführung in Datenaufbereitung und Datenanalyse mit Computern für Sozialwissenschaftler ohne Vorkenntnisse der EDV. Schwerpunkt der Darstellung sind Datenanalysesysteme - DATA-TEXT, OSIRIS, SPSS -, die auf die Probleme der Sozialwissenschaften zugeschnitten sind.

Als Einführung ist dieses Skriptum nicht nur für Soziologen und Sozialpsychologen geeignet, sondern auch für Psychologen, medizinische Statistiker und alle diejenigen, die ähnlich strukturierte Daten anzuwenden haben.

Datenverarbeitung in der empirischen Sozialforschung

Eine Einführung für Nichtprogrammierer

Von Dr. phil. K. Allerbeck

Zentralarchiv für
empirische Sozialforschung
der Universität zu Köln

1972. Mit 18 Bildern

Springer Fachmedien Wiesbaden GmbH

Dr. phil. Klaus Allerbeck

1944 in Seilershof, Kreis Ruppin, geboren. 1964 bis 1969 Studium der Soziologie, Psychologie und Neueren Geschichte an der Freien Universität Berlin und der Universität zu Köln sowie der Pennsylvania State University und der Harvard University. 1971 Promotion an der Universität zu Köln. Seit 1970 wissenschaftlicher Mitarbeiter am Zentralarchiv für empirische Sozialforschung der Universität zu Köln.

ISBN 978-3-519-00026-6 ISBN 978-3-322-91128-5 (eBook)
DOI 10.1007/978-3-322-91128-5

Ursprünglich erschienen bei B.G.Teubner, Stuttgart 1972

Umschlaggestaltung: W.Koch, Stuttgart

Vorbemerkung

Diese Einführung in die Datenverarbeitung hat verschiedene Ziele: sie soll Sozialwissenschaftlern ohne Programmierkenntnisse zeigen, wie sie ihre eigenen Probleme ohne dauernde Abhängigkeit von Computerexperten durch Verwendung von Analysesystemen selbst lösen können. Den Benutzern von Analysesystemen soll gezeigt werden, welche Möglichkeiten außerhalb des einen Systems, das sie benutzen, gegeben sind, und wie Analysesysteme sinnvoll für Datenanalysen eingesetzt werden können. Außerdem ging es darum, bestimmte nützliche Angaben (z.B. maschineninterne Darstellung mehrfachgelochter Daten) verfügbar zu machen, die in der Fachliteratur zu verstreut sind, um zugänglich zu sein.

Diese Einführung kann die Lektüre der Handbücher der Systeme nicht ersetzen, sondern soll für Anfänger diese Lektüre erleichtern. Für Benutzer der Systeme ist sie als begleitende Lektüre geeignet. Wenn diese Einführung auch ohne Vorkenntnisse lesbar sein sollte, wird sich doch die Bedeutung manchen Kapitels (z.B. über multivariate Analyse oder über Fehlersuche) erst bei der praktischen Verwendung der Systeme voll erschließen. Vollständig dokumentiert sind alle Systeme nur in englischer Sprache. Da diese Einführung die tatsächliche Benutzung der Systeme erleichtern soll, schien es nicht sinnvoll, jeden Begriff einzudeutschen. Wo es eine entsprechende deutsche Terminologie gibt, wurde verschiedentlich zur Erleichterung des Übergangs zu den Handbüchern der englische Begriff in Klammern hinzugefügt. Die Grenzen zwischen "Computerchinesisch" und schlechtem Deutsch sind fließend; Verbesserungsvorschläge auch im Hinblick auf Formulierungen sind deshalb sehr willkommen.

Besondere Aufmerksamkeit wurde den Gebieten gewidmet, deren Verständnis erfahrungsgemäß beträchtliche Schwierigkeiten bereitet. Auch für die Datenverarbeitung gilt, daß man am meisten aus eigenen Fehlern lernt; Ziel dieser Einführung ist es indessen, den Umfang derartiger Lernprozesse soweit wie irgendmöglich einzuschränken.

Für die mühevolle Arbeit der Anfertigung des Manuskripts bin ich Frau Doris Lambertz dankbar. Für die kritische Durchsicht von Teilen des Manuskripts möchte ich den Herren Prof. Theodor Harder, Jürgen Höhe, Dr. Franz U. Pappi, Erwin Rose und Dr. Wolfgang Sodeur danken. Für alle verbliebenen Fehler bin ich allein verantwortlich.

Köln, im November 1971 Klaus R. Allerbeck

Inhaltsverzeichnis

1. Datenverarbeitung in den Sozialwissenschaften: eine Einführung

Für Sozialwissenschaftler ist es heute nicht mehr erforderlich, selbst Experte der Datenverarbeitung zu werden, um Datenverarbeitungsanlagen für seine Zwecke sinnvoll einzusetzen. Seit Datenanalysesysteme zur Verfügung stehen, bedarf es dazu nur eines genauen Verständisses der Probleme, die mit Computereinsatz gelöst werden sollen, und eines realistischen Verständnisses der Möglichkeiten, die Datenverarbeitungsanlagen heute für die Sozialwissenschaften bieten. Deswegen wird im folgenden zunächst der Versuch unternommen, einige verbreitete Vorstellungen über Computer zu korrigieren, die Einsatzmöglichkeiten von Großrechenanlagen in den Sozialwissenschaften zu benennen, und die Entwicklung der Datenanalysesysteme zu beschreiben, von denen in weiteren Kapiteln im einzelnen die Rede sein wird.

1.1 Irreführende Ideen über Computer

Eines der Haupthindernisse für eine vernünftige Benutzung von Datenverarbeitungsanlagen in den Sozialwissenschaften wie auf anderen Gebieten sind falsche Vorstellungen davon, was Computer eigentlich sind. In populären Vorstellungen werden Computer magische oder mystische Qualitäten zugeschrieben, wird von Computern als Elektronengehirnen gesprochen und so getan, als seien sie hochmoderne, dem normalen menschlichen Verstand unzugängliche schnelle große Problemlösungsmaschinen. Die Lösung aller Probleme wäre es dann, einfach einen großen, modernen Computer damit zu "füttern".

Auch den modernsten Datenverarbeitungsanlagen gehen jedoch mystische oder magische Qualitäten vollkommen ab. Ein Computer ist nichts als ein Werkzeug. Zugegeben, ein Werkzeug, das schnell und präzis arbeitet; aber genauso wie ein Hammer keinen Nagel von selbst in die Wand klopfen kann, kann auch kein Computer ohne Anweisung funktionieren.

Und da ein Computer eben kein Elektronengehirn ist, hat er auch keinen Verstand und jedenfalls von sich aus keinerlei Unterscheidungskraft. Ein Computer wird deswegen überhaupt nicht zögern, Äpfel und Birnen zu addieren, wenn er so instruiert wird. Die einzige Entscheidung, die ein Computer treffen kann, ist eine der zwei Möglichkeiten einer ihm vorgegebenen Alternative zu wählen; und seine Wahl hängt ab von dem Wert einer oder mehrerer Ziffern, die zu prüfen er angewiesen wurde.

Es ist nicht der Computer, der weise oder töricht ist und der für das Ergebnis verantwortlich ist, sondern diejenige Person, die dem Computer in einem Programm seine Anweisungen gegeben hat. Und obwohl dieser Punkt eigentlich ganz offensichtlich sein sollte, wird häufig die Rolle des Programms selbst von Sozialwissenschaftlern, die mit Datenverarbeitungsanlagen häufig arbeiten, eher heruntergespielt, indem sie so tun, als sei irgendein Programm, das sie an einem bestimmten Punkt verwandt hätten, das Programm für die jeweilige statistische Analyse.

Das naheliegendste Beispiel hierfür ist die Faktorenanalyse. Oft wird so getan, als hätte der Computer in der Faktorenanalyse die wahren Dimensionen der wirklichen Welt ermittelt. Vergessen wird dabei, daß gerade bei dem Verfahren der Faktorenanalyse vom Forscher eine Fülle von Entscheidungen getroffen werden kann. Z.B. entscheidet der Forscher, bzw. sein Programm, ein Kriterium oder mehrere Kriterien zu wählen, das bestimmt, wieviele Faktoren aus den jeweiligen Daten zu extrahieren sind. Wenn der Benutzer eines Programms diese Kriterien in der Programmbeschreibung nicht findet, so liegt dies in der Regel nicht daran, daß das Programm kein Kriterium zur Bestimmung der Faktorenzahl hätte; entweder hat er es nur übersehen, oder die Programmdokumentation selbst ist unvollständig.

Aber die Mystifizierung des Computers ist nicht das einzige Hindernis seiner sinnvollen Verwendung der neuen Möglichkeiten im Forschungsprozeß. Es gibt den gegenteiligen Irrtum, ein Computer sei nur ein Idiot mit einer hochgradig entwickelten Spezialbegabung, Nullen und Einsen zu addieren. Wer einen Computer nur für eine große schnelle Rechenmaschine hält, versperrt sich selbst die Möglichkeit, die Dienste dieses relativ neuen Werkzeugs in Anspruch nehmen zu können. Und wer glaubt, jedes Problem, das so formuliert werden kann, daß es von einem Computer lösbar ist, sei der Anstrengung eines ernsthaften Denkers nicht würdig, verkennt, welch wichtige Problemlösungen in den Wissenschaften nur durch den Einsatz von Datenverarbeitungsanlagen möglich sind.

1.2 Computeranwendungen in den Sozialwissenschaften

Die sinnvollen Anwendungsmöglichkeiten von Computern in den Sozialwissenschaften sind vielfältig (31). Die dafür vorhandenen Techniken sind in unterschiedlichem Maße entwickelt. Nur mit einem Teil der Anwendungsmöglichkeiten von Computern in der Sozialwissenschaft werden wir uns hier beschäftigen. Im Mittelpunkt der folgenden Betrachtungen werden Möglichkeiten und Voraussetzungen für die Analyse quantitativer Daten in den Sozialwissenschaften mit Computern stehen.

Die Verwendung von Computern zur Simulation sozialer Systeme oder Prozesse wird dagegen ebensowenig behandelt wie etwa ihr Einsatz für die Inhaltsanalyse.

Analyse quantitativer Daten in den Sozialwissenschaften fand schon statt, bevor Computer als Werkzeuge zur Verfügung standen. Die Möglichkeiten, die sich durch die Verfügbarkeit von Computern auf diesem Gebiet jedoch erst eröffnen, sind kaum zu überschätzen. Analysen, die früher nur mit hohem Personalaufwand bei erheblicher Dauer durchgeführt werden konnten, sind heute teilweise zur Routine geworden, die rechnerisch in Minuten bewältigt werden kann. Die Möglichkeiten für die Umkehrung des Verhältnisses von intellektuellen und technischen Anstrengungen sind damit gegeben. Gleichzeitig wurden neue Analysetechniken vorgeschlagen und technisch realisiert, die früher undenkbar waren. Die Ausschöpfung der neuen Möglichkeiten setzt jedoch voraus, daß konsequent alle alten Vorgehensweisen daraufhin überprüft werden, ob sie methodisch notwendig waren oder nicht vielmehr nur eine Anpassung an die Zwänge technischer Begrenzungen waren. So waren viele lange Zeit akzeptierte Regeln von Fragestellung und Vercodung entstanden als Anpassung an die begrenzten Möglichkeiten von Lochkartenmaschinen ohne Speichermöglichkeit. Analysetechniken, die sich für Fachzählsortiermaschinen besonders gut eigneten, wurden gängig. Diese Gewohnheiten jedoch nun in Computerprogramme umzusetzen hieße, sich den größten Teil der neuen Möglichkeiten selbst zu verschließen.

1.3 Programmiersprachen und Datenanalysesysteme

Nur in utopischen Filmen ist es möglich, daß sich Menschen direkt mit einem Computer unterhalten. Auf mündlich gegebene Befehle in menschlicher Sprache reagiert ein Computer überhaupt nicht. Damit ein Computer irgendwelche Anweisungen überhaupt aufnehmen kann, müssen ihm diese Anweisungen in maschinenlesbarer Form gegeben werden. Und bevor der Computer diese Anweisungen, die ihm in einer Programmiersprache gegeben werden, verstehen und befolgen kann, müssen sie erst in Maschinensprache übersetzt werden, bevor sie irgendeinen Effekt für die Arbeit des Computers haben.

Es wäre überaus mißlich, wenn man einem Computer Anweisungen in seiner Sprache, in Maschinensprache, geben müßte. Denn diese Maschinensprache hat keinerlei Ähnlichkeit mit menschlicher Sprache, alle Instruktionen werden durch Codes dargestellt. Diese Zifferncodes zu behalten, ist nicht die einzige Schwierigkeit des Programmierens in Maschinensprache. Der Programmierer, der in Maschinensprache programmieren will, müßte darüber hinaus das Problem lösen, immer genau zu wissen, wo die vielen Informationen, mit denen er zu tun hat, gespeichert sind.

Aus diesem Grund wurden formale Programmiersprachen entworfen, in denen ein Problem leichter definiert werden kann. Der Computer verfügt dann über Übersetzer, auch Compiler genannt, die so geschriebene Programme in Maschineninstruktionen umwandeln. Ein Assembler ähnelt der Maschinensprache am meisten. Eine Programmanweisung im Assembler entspricht gewöhnlich einer Maschineninstruktion im übersetzten Programm. Gegenüber Programmieren in Maschinensprache ein großer Fortschritt, ist das Programmieren in Assembler jedoch immernoch eine sehr mühevolle Angelegenheit.

Höhere Programmiersprachen (wie FORTRAN, ALGOL, PL1, COBOL usw.) befreien den Programmierer von den zu beachtenden Details der Maschine und machen ein Programm oft maschinenunabhängig, da für einige höhere Programmiersprachen Standards bestehen, die jedoch nicht von allen Herstellern eingehalten werden. Eine höhere Programmiersprache verlangt zwar die strikte Beachtung bestimmter syntaktischer Regeln, hat jedoch eine beträchtliche Ähnlichkeit mit der normalen englischen Sprache oder mit mathematischer Notation. Ein in einer höheren Programmiersprache geschriebenes Programm muß auch von einem Übersetzungsprogramm in die erforderlichen Maschineninstruktionen umgewandelt werden.

Höhere Programmiersprachen sind also problemorientiert. Jedes Statement ist schon ein beträchtlicher Schritt zur Problemlösung. Die wichtigsten der höheren Programmiersprachen sind FORTRAN (abgekürzt für formula translation), das vor allem für mathematisch-technische Anwendungen konstruiert ist, COBOL (für Common Business Oriented Language), das sich vor allem für kaufmännische Anwendungen eignet, ALGOL, das auf mathematisch-naturwissenschaftliche Anwendungen zugeschnitten ist und PL1, das sozusagen die Vorteile von FORTRAN und COBOL miteinander verbinden sollte. Höhere Programmiersprachen haben das Leben von Programmierern erheblich erleichtert. Sozialwissenschaftlern nützen sie nur dann, wenn sie entweder über die Mittel verfügten, Programmierer für ihre Zwecke anzustellen, oder die Zeit aufbrachten, um selbst als Programmierer ausgebildet zu werden. Die Resultate der Benutzung von Datenverarbeitungsanlagen durch Sozialwissenschaftler blieben unbefriedigend. Verständigungsschwierigkeiten zwischen Sozialwissenschaftlern und Computerexperten führten meistens dazu, daß von den neuen Möglichkeiten der Datenverarbeitung nur unzureichend Gebrauch gemacht wurde. Z.B. waren viele Sozialwissenschaftler so sehr gewöhnt an Vorgehensweisen, die die begrenzte Kapazität von Fachzählsortiermaschinen ihnen aufgezwungen hatte, daß sie die Analyseprozeduren von Fachzählsortiermaschinen einfach in Computerprogramme umsetzen ließen und so nur einen Bruchteil der Möglichkeiten von Datenverarbeitungsanlagen nutzten.

Obwohl die meisten Datenanalyseverfahren, die Sozialwissenschaftler verstehen und anwenden, nicht besonders vielfältig und weit verbreitet sind, bemühten sich viele Sozialwissenschaftler an verschiedenen Orten unabhängig voneinander darum, für ihr jeweiliges Problem z.B. ein Tabellierungsprogramm schreiben zu lassen. Und weil diese Programme dann jeweils für die Daten des jeweiligen Forschers ad hoc zugeschnitten waren, war es auch keine Lösung, Bibliotheken von Analyseprogrammen aufzubauen, die doch meistens nur Einzweckprogramme waren. Ein großer Fortschritt waren statistische Programmpakete; das verbreiteste von ihnen ist BMD (11). Solche statistischen Programmpakete sind gut dokumentiert; sind vielfach getestet und weitgehend frei von Fehlern, und sie sind relativ einfach zu verstehen. Aber weil diese statistischen Programmpakete eben nur den statistischen Teil der Probleme lösen, bleiben aufwendige Programmierarbeiten erforderlich, um die Daten in genau die Form zu bringen, die der jeweilige Teil des statistischen Programmpaketes verlangt. Angesichts dieser Schwierigkeiten und der schlechten Erfahrung mit früheren Problemlösungen wurden Datenanalysesysteme entwickelt, die im Mittelpunkt der folgenden Darstellung stehen.

Datenanalysesysteme sind gewissermaßen Meta-Programmiersprachen, die für den normalen Sozialwissenschaftler ohne Vorkenntnisse im Programmieren und ohne Vorkenntnisse der Computerbenutzung verständlich und benutzbar sind. Diese Meta-Programmiersprachen sind der normalen Sprache der Forschung weitgehend ähnlich. Sie sind so generell konzipiert, daß die meisten Auswertungswünsche von Sozialwissenschaftlern damit gelöst werden können. Vorbehalte wie: "So eine generelle Lösung kann doch meinem spezifischen Problem nicht gerecht werden!" sind in den meisten Fällen ungerechtfertigt, und wer sie ausspricht, hat häufig nur versäumt, in dem Handbuch des für ihn verfügbaren Datenanalysesystems nachzuschlagen und dort die in der Regel einfache Lösung seines angeblich so spezifischen Problems zu finden.

Die Vorteile von Datenanalysesystemen gegenüber eigener Programmierung, Programmbibliotheken oder ausschließlich statistischen Programmpaketen sind zahlreich. Alle die Systeme, die im folgenden vorgestellt werden, sind gut dokumentiert. Sie leisten praktisch alles, was der Benutzer erwartet, es sei denn, es handele sich um ganz ausgefallene Spezialwünsche. In welchem Format die Daten vorliegen, ist weitgehend gleichgültig, solange die Daten maschinenlesbar sind. Der statistische Teil der Programme hat sich in einer Vielzahl von Anwendungen bewährt; der Benutzer kann also Vertrauen haben, daß die Resultate, die er erhält, richtig berechnet sind. Natürlich sind Fehler nicht völlig ausgeschlossen: aber sie sind sehr viel weniger wahrscheinlich als in einem Programm, das speziell für ihn entwickelt wurde, und das der jeweilige Benutzer zum erstenmal und als einziger benutzt. Und schließlich machen Datenanalysesysteme den Sozialwissenschaftler von Programmierern und Computerexperten weitgehend unabhängig.

Vielleicht ist dies ein Grund, warum gerade manche Programmierer Vorbehalte gegen solche Datenanalysesysteme äussern, bevor sie an einer bestimmten Installation eingeführt werden. Denn der Programmierer, der sich aufs Schreiben von Tabellenprogrammen verlegt hatte und damit seinen Lebensunterhalt verdiente, wird durch die Einführung von Datenanalysesystemen mit großer Wahrscheinlichkeit brotlos. Aber die Argumente, die er anführen könnte, wären nicht überzeugender, als wenn etwa ein Dorfschmied seinem Kunden zu versichern versuchte, eine von ihm in Handarbeit entwickelte, mit Motorkraft betriebene Kutsche sei auf die Bedürfnisse des kraftfahrenden Kunden doch sehr viel besser abgestimmt als ein VW aus der Wolfsburger Massenfertigung.

1.4 DATA-TEXT, OSIRIS und SPSS: ein Vergleich

Bevor die verschiedenen Datenanalysesysteme in einzelnen Funktionen vorgestellt werden und bevor darauf eingegangen wird, wie mit solchen Analysesystemen in der Praxis der Sozialforschung gearbeitet werden kann, sollen Hinweise gegeben werden, die einen Vergleich dieser Systeme ermöglichen. Dies soll es dem Benutzer erleichtern, sich für ein System zu entscheiden, wenn er nur ein bestimmtes Problem lösen will. Für diejenigen Benutzer, die nur ein bestimmtes System kennen und erlernt haben, soll dieser Vergleich sichtbar machen, welche weiteren Problemlösungen von anderen Analysesystemen angeboten werden. Denn die Benutzung von Analysesystemen ist nur dann sinnvoll, wenn nicht die Art der Problemstellung durch die Reichweite des spezifischen Datenanalysesystems bestimmt wird, das ein Benutzer nun einmal erlernt hat oder das an seiner Installation das gebräuchlichste Verfahren ist.

Selbstverständlich ist der Benutzer in seiner Entscheidung für das eine oder andere System nicht völlig frei. Der normale Benutzer, zumal der Anfänger, ist auf das Angebot angewiesen, das ihm an der ihm zugänglichen Datenverarbeitungsanlage angeboten wird. D.h., das betreffende Datenanalysesystem muß nicht nur in einer Programmbibliothek verfügbar sein; darüber hinaus muß dokumentiert sein, mit welchen installationsspezifischen Steuerkarten dies Programm benutzt werden kann. Außerdem ist es zumindest sehr hilfreich, wenn entweder im Rechenzentrum oder in dem Institut oder der jeweiligen Abteilung, wo der Benutzer arbeitet, ein Beratungsdienst zur Verfügung steht, der dem Benutzer über Anfangshürden hinweg helfen kann, wenn er auch nach Heranziehung der entsprechenden Handbücher und von Einführungen wie dieser seine Probleme nicht identifizieren kann.

Das heißt jedoch nicht, daß der Benutzer dem hilflos ausgesetzt ist, was sein Universitäts-Rechenzentrum ihm an Software zur Verfügung stellt oder nicht. Ein Rechenzentrum in einer Universität ist ja nicht Selbstzweck, sondern ein Dienstleistungsinstitut für Forschung und Lehre, die in der Universität betrieben werden. Wenn dies in der Praxis mancherorts anders erscheint, liegt dies häufig daran, daß die Benutzer und potentiellen Benutzer des Rechenzentrums sich nicht hinreichend artikulieren. Da die Kosten für den Erwerb der hier erörterten Datenanalysesysteme zumindest im Vergleich zu kommerzieller Software außerordentlich niedrig sind, und da für den Erwerb von Software im Etat eines Rechenzentrums in der Regel Positionen vorgesehen sind, dürfte dies kein entscheidendes Hindernis sein, wenn ein bestimmtes Datenanalysesystem (als erstes oder zusätzliches) erworben werden soll.

Eine ernsthaftere Begrenzung sind Maschinenerfordernisse. In Tabelle 2 sind auch die Maschinenerfordernisse der Datenanalysesysteme dargestellt. Für die dort genannten Datenverarbeitungsanlagen sind die entsprechenden Systeme als Objekt- oder Lademodule verfügbar, so daß die Implementierung dieser Systeme für Fachleute problemlos ist. Die Anpassung solcher Systeme an Datenverarbeitungsanlagen anderen Typs kann jedoch recht aufwendig sein, wobei sich Umfang des Aufwands und Art der entstehenden Probleme nur schwer vorhersagen lassen. Es ist jedoch zu erwarten, daß die hier diskutierten Analysesysteme in naher Zukunft für Großrechenanlagen anderer Hersteller konvertiert werden. Die Entscheidungsmöglichkeit des Benutzers für das eine oder andere System wird damit beträchtlich vergrößert.

Die wichtigsten Kriterien für den Benutzer, sich für eines dieser Datenanalysesysteme zu entscheiden, sind vor allem die Analysefunktionen, die in den verschiedenen Systemen angeboten werden, die Möglichkeiten der Dateneingabe, des Datenmanagements und der Datentransformation sowie der erforderliche Lernaufwand, um ein solches System erfolgreich benutzen zu können.

Hinsichtlich der am meisten gebräuchlichen Analyseverfahren unterscheiden sich die verschiedenen Analysesysteme kaum. Jedes dieser Systeme leistet nicht nur das, was an üblichen Datentransformationen und gängigen Analyseverfahren (Häufigkeitsverteilungen, Maßzahlen, Tabellen, Faktorenanalyse, Regression) von Sozialwissenschaftlern verlangt wird, sondern machen darüber hinaus viele der Möglichkeiten von Analyse und Datenmanagement wie Stichprobenzerlegung, Gewichtung, Analyse von Residuen usw. zugänglich, die erst durch Großrechenanlagen eröffnet wurden.

Die Reichweite der Problemlösungen in den verschiedenen Systemen unterscheidet sich jedoch beträchtlich. Tabelle 1 vergleicht die Systeme hinsichtlich ihrer Analysefähigkeiten. Dieser Vergleich ist notwendig sehr summarisch. Die Details der Programme unterscheiden sich z. T. beträchtlich. Einige

Tab. 1 Analyseprogramme in den Systemen

	DATA-TEXT	SPSS	OSIRIS
Häufigkeitsverteilungen und statistische Maßzahlen	X	X	X
Mehrdimensionale Tabellen und Assoziationsmaße	X	X	X
Graphische Darstellung bivariater Verteilungen	X		X
Produkt-Moment-Korrelationen	X	X	X
Rangkorrelationen	X	X	X
Partielle Korrelationen		X	X
Faktorenanalyse: Hauptkomponentenverfahren	X	X	X
Orthogonale Rotationen	X	X	X
Schiefwinklige Rotationen	X	X	X
Image-Analyse, Rao's kanonische Faktorenanalyse		X	
Faktorenvergleich			X
Multidimensionale Skalierung, Konfigurationsanalyse			X

	DATA-TEXT	SPSS	OSIRIS
Cluster Analyse			X
"Automatischer Interaktions-Detektor" (Kontrastgruppen-analyse), Multiple Klassifikationsanalyse			X
Multiple schrittweise Regression	X	X	X
Einfache Varianzanalyse: F-, t-tests	X		X
Multiple Varianzanalyse	X		X
Guttman Skalierung		X	X
"Change and Response Uncertainty"			X

dieser Unterschiede werden in folgenden Kapiteln erläutert; weitere Einzelheiten sind den Handbüchern der Systeme zu entnehmen.

Ebenso wichtig wie die Analysefähigkeiten sind die Aspekte, unter denen die Systeme in Tabelle 2 miteinander verglichen werden. Einige dieser Aspekte sollen hier näher erläutert werden: Anforderungen an Eingabedaten, Möglichkeit der Mehrebenenanalyse, Datensimulation, Benutzersprache, Fehlerdiagnose und zur Benutzung erforderliche Kenntnisse der Steuersprache des Betriebssystems.

Tab. 2 Anforderungen und Leistungender Analysesysteme

	DATA-TEXT	SPSS	OSIRIS
Benutzer-sprache = Fachsprache der Wissenschaft	JA	JA	Bedingt ja
Leicht inter-pretierbare, umfassende Fehlerdiagnose	JA	JA	Bedingt ja
Anforderungen an Eingabedaten	Maschinenlesbar	Nur im BCD-Code ge-lochte Daten mit gleicher Kartenzahl pro Objekt	Daten in BCD-Form
Datentransformation	Ausgefeilte Lö-sung	Ausreichende Lösung;kom-plexe Trans-formationen aufwendig	Außer-ordentlich flexible Lösung
Integration des Systems	hoch	hoch	geringe Integration
Offenheit des Systems	geschlossen	Erweiterungs-fähig	offen
Ausgabe maschinen-lesbarer Ergebnisse	hoch	mittel	mittel

	DATA-TEXT	SPSS	OSIRIS
Brauchbarkeit für Mehrebenenanalyse	beträchtlich	gering	hoch
Konventionsidentität	hoch	hoch	mittel
Anforderungen an Kenntnisse der Job Control Language	minimale	gering/ mittel	hoch
Maschinentyp	IBM 360 OS CDC 6000	IBM 360 OS CDC 6000 UNIVAC 1108 RCA Spectra 70 SIEMENS 4004	IBM 360 OS
Kernspeicherbedarf in Kilobyte: Minimum	200	180	100
Für volle Funktionsfähigkeit	250	230	150

Sehr große Unterschiede bestehen hinsichtlich der Voraussetzungen, die die Eingabedaten erfüllen müssen: SPSS verlangt die Daten in weitgehend bereinigter Form (gleiche Kartenzahl pro Objekt, nur gültige IBM-Zeichen des EBCDIC-Codes - numerische oder alphanumerische - dürfen abgelocht sein).

OSIRIS verfügt über eine Vielfalt von Datenbereinigungs- und Datenmanagement-Programmen, mit denen der Benutzer seine Daten recht einfach auf die Anforderungen der Analyseprogramme anpassen kann, vorausgesetzt, es sind nur gültige Zeichen abgelocht (die Eingabe mehrfach-gelochter Daten ist in OSIRIS also nicht ohne vorherige Umcodierung möglich).

Am flexibelsten hinsichtlich der Dateneingabe ist DATA-TEXT, das automatische Möglichkeiten der Datenbereinigung bietet. Es kann sowohl fehlende Datenkarten pro Objekt (ein häufiger Fall bei Panelstudien) als auch mehrfachgelochte Karten ohne die Zwischenschaltung von Datenbereinigungsprogrammen verwenden. Insbesondere die Verwendbarkeit mehrfachgelochter Daten ist kein geringzuschätzender Vorteil, da praktisch alle alten Meinungsforschungsdaten, deren Hersteller auf die Fachzählsortiermaschine angewiesen waren, so organisiert sind und angesichts der Weiterempfehlung solch obsoleter Vercodungstechniken auch durch neuere Lehrbücher der empirischen Sozialforschung wohl weiterhin mit so organisierten Daten zu rechnen ist.

OSIRIS ist das einzige System, das nicht nur vorhandene Daten analysieren kann, sondern nach vom Benutzer vorgegebenen Gleichungen unter Verwendung von Zufallszahlen "künstliche" Daten mit genau bekannten Eigenschaften zu erzeugen erlaubt. Solche simulierten Daten sind besonders geeignet, um z.B. die Empfindlichkeit bestimmter Analyseverfahren bei Abweichung von den theoretischen Voraussetzungen ihrer Anwendung zu ermitteln.

Auch hinsichtlich der Möglichkeit der Mehrebenenanalyse bestehen große Unterschiede:
DATA-TEXT und OSIRIS können Daten nach spezifierten Merkmalen aggregieren und die aggregierten Daten entweder maschinenlesbar ausgeben oder den einzelnen Fällen wieder als Merkmal hinzufügen. Während DATA-TEXT die Zuweisung aggregierter Werte zu den ursprünglichen Fällen am einfachsten ermöglicht, hat nur OSIRIS ein Mischprogramm, das die Zuweisung von Globalmerkmalen zu einzelnen Fällen auf einfache Weise erlaubt.

Die Sprache von DATA-TEXT und SPSS kommt der üblichen (englischen) Sprache der Forschung relativ nahe, während die Sprachelemente von OSIRIS weniger benutzerfreundlich sind. Die Sprache der Anweisungen ist bei DATA-TEXT und SPSS einheitlich; die Sprachelemente von OSIRIS sind einander weitgehend ähnlich, wobei allerdings in manchen Programmen Abweichungen auftreten, die gerade neue Benutzer dieser Systeme sehr verwirren können.

Das Erlernen einer solchen Benutzersprache, ohnehin relativ problemlos verglichen mit dem Erlernen von Programmiersprachen wie FORTRAN, wird in der Praxis wesentlich erleichtert durch die Qualität der Fehlerbotschaften.

DATA-TEXT und SPSS bieten die präzisesten Fehlerdiagnosen. DATA-TEXT weist die Fehlermeldung in der Zeile des Ausdrucks aus, in der er auftritt; es liefert sofort eine Fehlerdiagnose für das gesamte Programm und erlaubt eine einfache Prüfung des Programms auf formale Richtigkeit und auf inhaltliche Richtigkeit durch Bestimmung einer verringerten Fallzahl. SPSS druckt den beanstandeten Teil des Programms aus und gibt eine sehr differenzierte Fehlerbotschaft (seit Release 3); allerdings endet die Fehlerdiagnose, wenn Rohdaten eingelesen werden und der Fehler vor dem Lesebefehl auftritt, mit dem Lesebefehl; folgende Anweisungen werden nicht mehr geprüft.

Die Qualität der Fehlermeldungen in OSIRIS ist sehr unterschiedlich; generelles kann hierzu kaum gesagt werden. Daß größere Aufgaben eine Verkettung von Unterprogrammen verlangen, hat natürlich zur Folge, daß eine sofortige Diagnose aller Programmschritte ausgeschlossen ist.

Die Systeme verlangen in unterschiedlichem Ausmaß vom Benutzer Kenntnisse der Steuersprache. Am meisten Aufmerksamkeit widmeten die Autoren von DATA-TEXT dem Problem, daß die leichte Erlernbarkeit eines Analysesystems durch hohe Anforderungen an Kenntnisse der Job Control Language (JCL) des OS 360 konterkariert wird. Mit DATA-TEXT werden gleich katalogisierte Prozeduren geliefert, die dem Benutzer das Erlernen der JCL weitgehend ersparen.

SPSS stellt kaum Anforderungen an solche Kenntnisse, solange bei der Ein/Ausgabe "normale" Bedingungen gegeben sind; bei Abweichungen von solchen Bedingungen ist eine gewisse Vertrautheit mit elementaren Konzepten der JCL nicht zu vermeiden.

Die höchsten Anforderungen in dieser Hinsicht stellt OSIRIS. Die einzelnen Routinen sind als eigene Programme organisiert, so daß jede Aufgabe in mehrere, durch JCL-Anweisungen verbundene Schritte aufgegliedert werden muß. Um eine Faktorenanalyse an einem Datenbestand vorzunehmen, der transformiert werden muß und fehlende Werte aufweist, ist ein Job mit vier Schritten zusammenzustellen, die die einzelnen Programme aufrufen (Dateidefinition, Datentransformation, Korrelation mit fehlenden Werten, Faktorenanalyse). Dies wird zwar erleichtert durch die ausführliche Dokumentation der notwendigen Anweisungen im OSIRIS-Handbuch; aber mangelnde Integration der einzelnen Routinen bleibt der Preis, der für die große Reichweite der verfügbaren Verfahren zu zahlen ist.

Dies Beispiel zeigt auch, daß es ein System, das für die Wünsche aller Benutzer das Beste ist, nicht geben kann. Welchem der Systeme der Vorzug zu geben ist, hängt von den spezifischen Notwendigkeiten des jeweiligen Benutzers ab. Sowohl die Organisation des Rechenbetriebs (Abrechnungsweise, Prioritätsregelung etc.),seiner Installation als auch die geplante Verwendung der Systeme sind dabei zu bedenken. Um für letzteres nur kurz einige Gesichtspunkte zu nennen:
DATA-TEXT und SPSS sind am leichtesten erlernbar und damit im Rahmen von Ausbildungsveranstaltungen oder für gelegentliche

Datenanalysen am besten geeignet. OSIRIS verlangt eine längere Anlaufzeit, macht aber dafür die größte Vielfalt von Datenanalyseverfahren verfügbar. Sind Mehrebenenanalysen beabsichtigt, kommen eigentlich nur DATA-TEXT oder OSIRIS in Frage. Sind häufig mehrfachgelochte Daten auszuwerten, ist der Benutzer auf DATA-TEXT angewiesen.

Soll das zu erwerbende System für Psychologen und Soziologen zu verwenden sein, empfiehlt sich DATA-TEXT; soll es von Ökonomen und Soziologen benutzt werden, ist OSIRIS die beste Lösung.

Zu berücksichtigen sind bei der Entscheidung über Analysesysteme auch die Weiterentwicklungen, die abzusehen sind: Alle diese Systeme werden fortlaufend weiterentwickelt; aber in welchem Maße Veränderungen vorgenommen werden, ist unterschiedlich. Die Entwicklung von DATA-TEXT ist weitgehend abgeschlossen; kleinere Veränderungen und Erweiterungen bleiben jedoch zu erwarten. Für SPSS und OSIRIS findet eine Weiterentwicklung statt, die es ermöglichen soll, die Vorteile der beiden Systeme zu verbinden. Dieses "Interface", das die Analyse von SPSS-Dateien mit OSIRIS-Routinen (und umgekehrt) erlauben soll, soll im Frühjahr 1972 zur Verfügung stehen.

SPSS ist das System, für das die meisten Erweiterungen geplant sind. Unter Beibehaltung der Syntax und der Logik des Systems sollen die Möglichkeiten der Dateneingabe und Datenbereinigung wesentlich erweitert, weitere statische Analyseverfahren (Varianzanalyse, graphische Darstellungen) hinzugefügt und etliche kleinere Verbesserungen vorgenommen werden, die Effizienz und Benutzerfreundlichkeit erhöhen sollen. Pro Jahr sind zwei bis drei verbesserte Fassungen von SPSS angekündigt.

Für OSIRIS ist Mitte 1972 Release 3 zu erwarten, der die Benutzerfreundlichkeit von OSIRIS wesentlich steigern und einen gewissen Abschluß der Entwicklung dieses Systems für den Stapelverarbeitungsbetrieb darstellen soll.

Wegen der zu erwartenden Entwicklung ist es zweckmäßig, die jeweils neuesten Handbücher der Systeme und die entsprechenden update manuals einzusehen, bevor Entscheidungen für oder gegen ein bestimmtes System getroffen werden. Die vorhergehenden und folgenden Aussagen über die Analysesysteme beziehen sich auf den technischen Stand dieser Systeme im Oktober 1971 (DATA-TEXT Release 2/3, OSIRIS Release 202, SPSS Version 301).

2. Maschinenlesbare Datenaufbereitung: Computer, Datenorganisation und Vercodung

Die Daten, die von einem Forscher gesammelt wurden und mit Hilfe der Analysesysteme ausgewertet werden sollen, müssen in maschinenlesbarer Form vorliegen, um von einem Computer verarbeitet werden zu können. Bevor die Prozesse der Datenaufbereitung beschrieben werden, sind einige Angaben über Computer und maschinenlesbare Datenträger zu machen. Computer verschiedener Generationen und verschiedener Hersteller unterscheiden sich in Aufbau und Leistungsfähigkeit selbstverständlich voneinander; im folgenden gegebene Spezifikationen gelten für die IBM-Systeme /360 und/370.

Abb. 2 Schematische Darstellung von Computerfigurationen

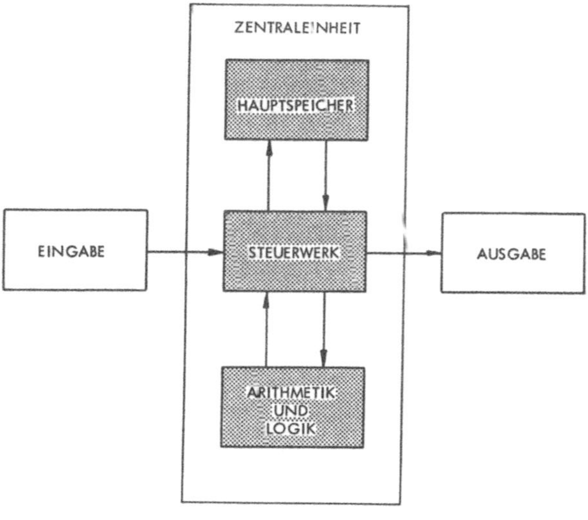

2.1 Elementares über Computer

Eine Computerkonfiguration setzt sich aus mindestens einer Zentraleinheit und peripheren Geräten für Ein- und Ausgabeoperationen zusammen. Damit Daten verarbeitet werden können, müssen sie zunächst zusammen mit dem Programm, mit dem sie verarbeitet werden sollen, in den Hauptspeicher gelesen werden. Der Hauptspeicher ist ein Teil der Zentraleinheit, er ist solange leer, bis Informationen in ihm gespeichert werden, die er von Eingabeeinheiten erhält, ein zweiter Bestandteil der Zentraleinheit. Das Steuerwerk nimmt die Instruktionen, aus denen sich ein Programm zusammensetzt und die in den Hauptspeicher eingelesen wurden, eine nach der anderen und überwacht ihre Ausführung. Berechnungen und logische Vergleiche werden ausgeführt von einem Bestandteil der Zentraleinheit namens Arithmetik und Logik; die Ergebnisse von Berechnungen und Vergleichen werden wieder in den Hauptspeicher zurückgebracht. Von dort aus werden sie über Ausgabeeinheiten (z. B. Drucker) wieder ausgegeben.

Der Hauptspeicher setzt sich aus vielen kleinen Einheiten, die Bytes genannt werden, zusammen. Jedes Byte hat eine eigene Adresse und kann ein Zeichen enthalten. Jedes Byte besteht aus Untereinheiten, die Bits genannt werden; jedes dieser Bits ist entweder eine 0 oder eine 1. Zeichen werden durch verschiedene Kombinationen von Nullen und Einsen dargestellt. Die Größe des Hauptspeichers eines Computers wird normalerweise in Kilobyte angegeben. Ein Kilobyte entspricht 1024 Bytes.

Die üblichsten Eingabeeinheiten einer Maschinenkonfiguration sind Kartenleser, die Lochkarten mit einer Geschwindigkeit von bis zu 1000 Karten pro Minute in den Hauptspeicher lesen können, Bandgeräte, die Magnetbänder mit einer Geschwindigkeit von bis zu 320 000 Zeichen pro Sekunde in den

Hauptspeicher lesen können, und Magnetplatten. Ausgabeeinheiten sind vor allem der Schnelldrucker, der bis zu 1 100 Zeilen pro Minute drucken kann, ein Kartenstanzer, der bis zu 300 Lochkarten pro Minute stanzen kann, Magnetbandeinheiten und Platteneinheiten. Der Datenträger, der in der Sozialforschung für die Datenerfassung am häufigsten benutzt wird, sind Lochkarten.

2.2 Lochkarten

Abbildung 2 zeigt das Bild einer typischen Lochkarte, wie sie gemeinhin für sozialwissenschaftliche Daten benutzt wird. Eine solche Lochkarte hat 80 Spalten und 12 Zeilen. Eine solche Lochkarte hat also insgesamt 960 mögliche Lochpositionen. Lochkombinationen sind jedoch nicht beliebig zulässig; sie müssen dem vom Hersteller vorgeschriebenen Code entsprechen. Die üblichsten Codes heißen BCD (für Binary Coded Decimal) und EBCDIC (für Extended Binary Coded Decimal Interchange Code). Die spezifische Lochkombination in einer Spalte stellt ein Zeichen dar. Eine Spalte einer Lochkarte entspricht also einem Byte des Hauptspeichers.

Das Lochen der Karten geschieht mit Hilfe eines Schreiblochers. Der Schreiblocher wird ähnlich wie eine Schreibmaschine bedient, mit dem Unterschied, daß nicht Zeichen auf Papier geschrieben, sondern Löcher in Karten gestanzt werden. Ein Schreiblocher kann das Zeichen, das in eine bestimmte Spalte gestanzt wird, über der jeweiligen Spalte drucken.

Ziffern werden dargestellt durch ein Loch in derjenigen Zeile, deren Nummer der Ziffer entspricht. Die Ziffer 3 kann also in einem Feld von einer Spalte, wie z. B. in Spalte 30, dargestellt werden, indem ein Loch in die 3. Zeile dieser Spalte gestanzt wird.

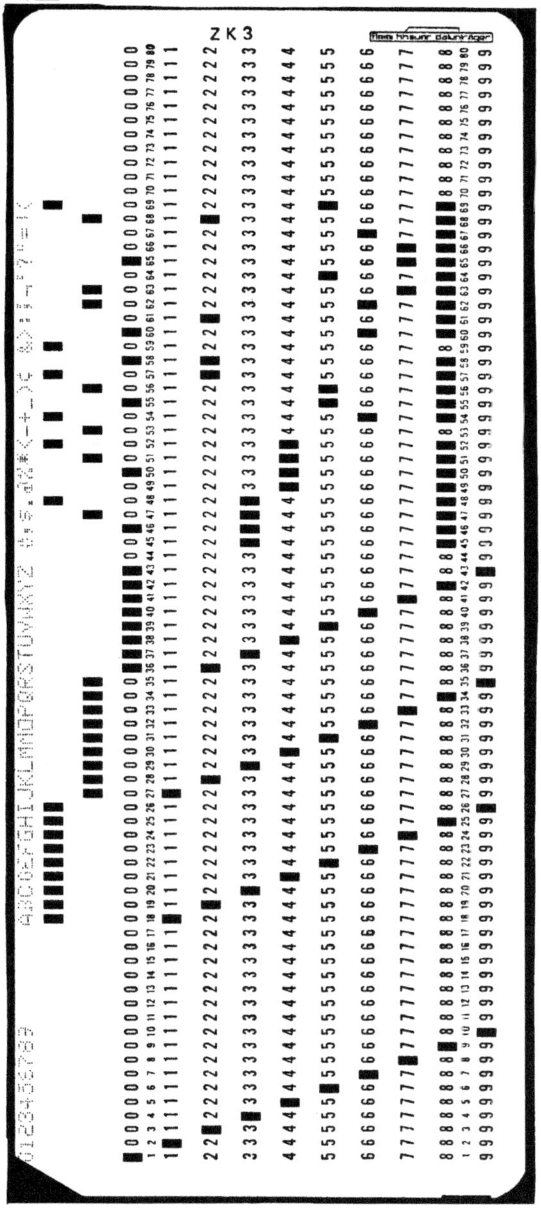

Abb. 2 Lochkarte (mit graphisch repräsentierten EBCDIC-Zeichen)

Mehrstellige Zahlen werden in mehreren aufeinanderfolgenden Spalten dargestellt. Die Nummer 463 könnte also dargestellt werden z. B. durch das Lochen der Ziffer 4 in Spalte 40, der Ziffer 6 in Spalte 41 und der Ziffer 3 in Spalte 42. Auf diese Weise kann eine beliebige Anzahl von Spalten logisch zusammengefaßt werden, um eine Zahl beliebiger Größe darzustellen. Wenn eine mehrstellige Zahl kleiner ist als das für sie vorgesehene Feld, sind die Ziffern rechtsbündig abzulochen. Die nicht benötigten linken Spalten können entweder freigelassen oder mit führenden Nullen aufgefüllt werden. Die zu lochenden Zahlen können auch positive oder negative Zahlen (ganzzahlige oder Dezimalzahlen) sein. Zahlen oder Vorzeichen gelten als positiv; vor negativen Zahlen muß das Vorzeichen Minus gelocht werden. Es ist bei der Zuweisung von Feldweiten darauf zu achten, daß die Zahl der Spalten der Zahl der Stellen der größtmöglichen Zahl plus einer weiteren Spalte für das Vorzeichen entspricht.

Es ist zwar möglich, mit Hilfe eines Schreiblochers beliebige Lochkombinationen in einer Lochkarte abzulochen. Die Verarbeitung so hergestellter Lochkarten ist jedoch in den meisten Fällen recht kompliziert. Nicht alle Installationen haben die Möglichkeit, solche Karten überhaupt einzulesen. Viele Kartenleser nehmen automatisch eine Gültigkeitsprüfung vor und sondern all die Karten aus, die Lochkombinationen aufweisen, die nicht dem vorgeschriebenen Code entsprechen.

2.3 Magnetbänder

Magnetbänder sind als Datenträger wesentlich kompakter als Lochkarten. Zum Beispiel können die Informationen, die auf 8 Lochkarten mit jeweils 80 Spalten enthalten sind, in einer Länge von 1 cm und einer Breite von 1,26 cm dargestellt werden. Ein Magnetband besteht aus einer Plastikfolie als Träger, die mit magnetisierbarem Eisenoxyd beschichtet ist.

Magnetbänder werden mit Zeichen beschriftet, indem die Spuren des Bandes nach einem bestimmten Muster magnetisiert werden. Die übliche Zeichendichte ist 320 oder 640 Bytes pro cm.

Obwohl es heute bereits Geräte gibt, mit denen Daten direkt auf ein Magnetband geschrieben werden können, werden in der Sozialforschung Daten meistens zunächst auf Lochkarten abgelocht und erst später werden diese Datenbestände mit dem Computer auf ein Band geschrieben. Wenn ein Datenbestand häufiger benutzt werden soll, ist es häufig zweckmäßig, diese Daten bei dem ersten Computerlauf auf ein Magnetband zu schreiben und später dieses Magnetband anstelle der Lochkarten als Datenträger für die Dateneingabe zu benutzen. Die Hauptvorteile der Speicherung von Daten auf Magnetbändern statt auf Karten sind die Platzersparnis, die größere Geschwindigkeit beim Einlesen der Daten und die geringere Gefahr der Beschädigung: die Daten auf einem Magnetband kommen nicht dadurch durcheinander, daß man das Magnetband fallen läßt, während es sehr mühselig ist, einen umgestürzten Kartenstapel wieder in die richtige Reihenfolge zu sortieren.

Werden Lochkarten auf ein Magnetband übertragen, so entspricht jeder Spalte ein Byte und jeder 80spaltigen Lochkarte ein Satz von 80 Bytes. Die einzelnen Sätze sind auf dem Magnetband durch Zwischenräume (Klüfte) voneinander getrennt, die beim Beschreiben des Bandes durch das An- und Auslaufen der Magnetbandrolle bestehen. Jede Kluft ist 1,5 cm lang. Wird jede Lochkarte zu einem eigenen Satz, wird die Kapazität des Magnetbandes also sehr schlecht ausgenutzt; denn die Zwischenräume beanspruchen wesentlich mehr Platz als die einzelnen Sätze. Zur besseren Ausnutzung der Kapazität des Magnetbandes und zum Erreichen einer höheren Verarbeitungsgeschwindigkeit empfiehlt es sich, mehrere logische Sätze wie z. B. Lochkarten zu einem physischen Satz (Block) zusammenzufassen (zu blocken). Grundsätzlich können beliebig viele logische Sätze zu Blöcken zusammengefaßt werden; je höher der Blockungsfaktor, desto höher ist jedoch auch der Bedarf an Hauptspeicherplatz zum Verarbeiten, da jeweils ein ganzer Block (ein physischer Satz) in den Hauptspeicher eingelesen wird.

2.4 Datenorganisation

Der Datenbestand, den ein Forscher gesammelt hat und den er analysieren will, ist als eine Datenmatrix vorstellbar, deren Spalten Variablen und deren Zeilen Analyseeinheiten darstellen. Analyseeinheit können z. B. Befragte einer Repräsentativumfrage, Gemeinden, Abgeordnete des Deutschen Bundestags in einer Legislaturperiode oder bestimmte historische Ereignisse in einem Zeitabschnitt sein.

Jede dieser Analyseeinheiten muß für jede Variable einen Wert aufweisen. In dem Beispiel einer Umfrage wären die im Fragebogen gestellten Fragen die Variablen; die Antworten eines bestimmten Befragten auf diese Fragen wären die Werte, die diese Variablen für diese einzelne Analyseeinheit aufweisen. Wären Gemeinden die Analyseeinheiten, so wären solche Angaben der amtlichen Statistik wie Einwohnerzahl, Anteil der Erwerbstätigen an der Wohnbevölkerung usw. die Variablen.

Eine Datenmatrix einer Bevölkerungsumfrage, in der Einkommen, Bildungsstand, Geschlecht, Parteipräferenz usw. erhoben wurden, würde z. B. so aussehen:

	Geschlecht	Alter in Jahren	Nettomonats-einkommen in DM	Schul-bildung	Partei-präferenz	Beruf
Krause	M	38	1450	Realschule	CDU	Bananen-händler
Meier	M	25	1000	Volksschule	SPD	Fliesen-leger
Müller	W	73	400	Volksschule	CSU	Rentne-rin
Schulze	W	47	ohne	Realschule	CDU	Hausfrau
Schmitz	M	17	633	Volksschule	SPD	Hilfs-arbeiter

Abb. 3 Beispiel einer Datenmatrix

Im Beispiel einer Bevölkerungsumfrage ist selbstverständlich, daß Befragte die Analyseeinheiten (die Zeilen der Matrix) und Antworten die Variablen (Spalten der Matrix) sind. Wird dagegen das Abstimmungsverhalten in der dritten Legislaturperiode des Bundestags untersucht, muß der Forscher festlegen, was Einheiten und was Variablen sein sollen, je nachdem, zu was für einer Art von Aussagen er gelangen will.

Einheit der Analyse können die Abgeordneten sein. Die Gesetzesvorlagen, die im Bundestag eingebracht werden, wären dann die Variablen. Diese Art der Datenorganisation wäre dann angemessen, wenn der Forscher ermitteln will, wie stark z. B. der Zusammenhang zwischen Zustimmung zu Agrarsubventionen und Ratifizierungsgesetzen für Verträge mit osteuropäischen Ländern ist. Diese Datenmatrix, bei der so Abgeordnete die Zeilen und eingebrachte Gesetzesvorlagen die Spalten wären, könnte jedoch auch transponiert werden.

Dies wäre dann sinnvoll, wenn der Forscher Aussagen über Ähnlichkeiten des Verhaltens verschiedener Abgeordneter machen will. In diesem Fall sind die Gesetzesvorlagen die Analyseeinheiten und die Abgeordneten die Variablen. Nur wenn die Daten so organisiert sind, sind Aussagen des Typs, "70 % der Anträge, denen der Abgeordnete A zustimmt, stimmt auch der Abgeordnete B zu" möglich.

Für die Organisation der Daten ist also die Analyseabsicht bestimmend. Die Beantwortung der Frage "Ist regionale Herkunft oder Parteizugehörigkeit in einem Parlament für das Abstimmungsverhalten wichtiger?" verlangt eine andere Art von Datenorganisation als die Frage "Was sind die relevanten Dimensionen der politischen Entscheidungen, die im Bundestag getroffen werden?"

Für die Verwendung der im folgenden erörterten Analysesysteme ist eine rechteckige Datenmatrix Voraussetzung. Jede Variable muß bei allen Analyseeinheiten einen Wert aufweisen. Ist ein gültiger Wert nicht zu ermitteln, so ist das Fehlen des Werts entsprechend zu kennzeichnen.

2.5 Vercodungsregeln

Man könnte die Datenmatrix schon dadurch maschinenlesbar machen, daß alle Informationen, so wie sie sind, abgelocht werden. Man könnte also einfach Lochkarten wie "Krause Männlich 38 1450 Realschulabschluß CDU Bananenhändler" herstellen. Eine solche Vorgehensweise wäre jedoch unpraktisch Stattdessen ist es üblich, nicht die Namen des Befragten abzulochen, sondern jeder befragten Person eine unverwechselbare Identifikationsnummer zuzuweisen und ihre Antworten durch bestimmte Ziffern zu repräsentieren. Die Zuweisung von Zahlen, um Dinge zu repräsentieren, nennt man vercoden bzw. verschlüsseln; die Regeln dieser Zuweisung werden "Codes" genannt.

Die schriftliche Zusammenfassung aller Codes, die die Daten einer Studie beschreiben, erfolgt in einem Codebuch (bzw. Codeplan)

Das Codebuch schreibt also den Vercodern vor, welche Ziffern sie auf Codeblätter eintragen müssen, um etwa die Antworten eines Befragten darzustellen, und mit Hilfe des Codebuchs können die auf z. B. Lochkarten enthaltenen Angaben wiederum entziffert werden. Die in einem solchen Codebuch festgehaltenen Regeln setzen einen bestimmten Zifferncode mit jeder möglichen Antwort gleich und bezeichnen, in welche Spalte einer Lochkarte der numerische Code gelocht werden muß. Das Vercoden von Fragebogen in Umfragen wird häufig dadurch vereinfacht, daß die Fragebogen bereits für geschlossene Fragen vorverschlüsselt sind; der Interviewer braucht dann nur eine entsprechende Ziffer zu kringeln und der Coder kann sie einfach auf ein Codeblatt übertragen, sofern nicht direkt vom Fragebogen abgelocht wird. Die Codes für Antworten auf offene Fragen können hingegen erst festgelegt werden, wenn eine genügende Anzahl beantworteter Fragebogen bereits eingegangen ist.

Die Entscheidungen, die dabei zu treffen sind, und die bei der Vercodung zu beachtenden Regeln sind jedoch die gleichen, unabhängig davon, ob Antworten auf Fragebogen vorverschlüsselt werden oder erst später zu vercoden sind. Die Regeln, die hierbei zu beachten sind, sind keine wissenschaftlichen Gesetze; es sind Regeln, die ausschließlich Zweckmäßigkeitsgesichtspunkten folgen und sich als praktisch erwiesen haben. Sorgfältiges Nachdenken über die Vercodung und Beachtung der im folgenden genannten Regeln sparen außerordentlich viel Mühe bei der späteren Analyse der Daten. Fehlentscheidungen bei der Festlegung der Codes sind später, wenn erst einmal alle Daten maschinenlesbar organisiert sind, nur unter erheblichem Aufwand korrigierbar.

Abb. 4 Auszug aus einem Fragebogen

31. Wenn am nächsten Sonntag <u>Bundestagswahlen</u> wären, welche Partei würden Sie dann wählen, die CDU, die SPD, die FDP oder eine andere Partei?

X CDU

X SPD

X FDP

X Andere Partei, welche? ______________________

X Würde nicht wählen

X Antwort verweigert

X Weiß nicht

---

32. Wir haben jetzt einige Fragen zu Ihrem Bekanntenkreis. Denken Sie bitte einmal an die drei Personen, mit denen Sie näher befreundet sind und mit denen Sie sich am häufigsten treffen. Es kann sich dabei sowohl um Verwandte als auch um Nichtverwandte handeln.

(INTERVIEWER: NICHT EHEGATTEN ODER PERSONEN, DIE IM SELBEN HAUSHALT WOHNEN, WIE KINDER, NENNEN LASSEN!)

Ich würde Ihnen gern Fragen über jeden einzelnen stellen, wie z.B. nach der Dauer der Bekanntschaft. Um es ein wenig einfacher zu machen: Könnten Sie mir bitte für jede dieser drei Personen den Vornamen angeben?

INTERVIEWER: VORNAMEN AUF FRAGEBOGEN UND AUF KARTE 3 NOTIEREN; DIESE KARTE BEFRAGTEN AUSHÄNDIGEN, VORNAMEN IM FOLGENDEN ZUR IDENTIFIZIERUNG STATT A, B UND C VERWENDEN!

	GESCHLECHT: männlich	weiblich
A. ______________________	X	X
B. ______________________	X	X
C. ______________________	X	X

---

33. Ist irgendeine der eben genannten Personen mit Ihnen verwandt?

WENN JA, GENAUE VERWANDTSCHAFTSBEZEICHNUNG ERFASSEN!

A. Nein X Ja ______________________

B. Nein X Ja ______________________

C. Nein X Ja ______________________

Handelt es sich bei einer der genannten Personen um Verlobte?

X Ja

X Nein

SPALTE	LOCHUNG		CODE
			<u>Welche Partei bei Bundestagswahl am nächsten Sonntag (Frage 31)</u>
C 40	1		CDU
	2		SPD
	3		FDP
	4		Andere Partei
	5		Würde nicht wählen
	9		Weiß nicht, Antwort nicht festgestellt
	0		Antwort verweigert, nicht geantwortet
			<u>Bekanntenkreis (Frage 32)</u>
C 41	0	(A)	Nicht genannt
	1		Männlich
	2		Weiblich
	9		Genannt, Geschlecht unklar
			<u>Fortsetzung Frage 32</u>
C 44	0		Kein Ehepaar
	1		A + B Ehepaar
	2		A + C Ehepaar
	3		B + C Ehepaar
	4		A Ehepaar
	5		B Ehepaar
	6		C Ehepaar
			<u>Ist irgendeine der eben genannten Personen mit Ihnen verwandt? (Frage 33)</u>
C 45	0	(A)	Trifft nicht zu, weil keine Antwort zu Fr. 32 A,B,C
	1		Nein
	2		Bruder/Schwester
	3		Schwager/Schwägerin
	4		Vater/Mutter/Eltern
	5		Schwiegereltern
	6		Sohn/Tochter/Enkel
	7		Schwiegersohn/Schwiegertochter
	8		Andere Verwandte, Verwandschaftsgrad nicht festgestellt
	9		Weiß nicht, keine Angabe

Abb. 5 Auszug aus einem Codebuch (Vercodungsregeln für Fragebogenauszug in Abb. 4)

Man kann zwei Arten von Codes unterscheiden: quasi "natürliche" Codes und vom Forscher zugewiesene. Solche "natürlichen" Codes wären gegeben für Variablen wie Lebensalter in Jahren, Monatseinkommen in DM, Intelligenzquotienten usw. Die Werte eines Befragten für solche Variablen sind Zahlen, die direkt übernommen werden können. Es ist häufig zweckmäßig, solche natürlichen Codes in dieser Form zu belassen, und nicht etwa bereits im Fragebogen oder im Codeplan zusammenzufassen. Wenn eine Variable, wie z. B. Alter explizit abgelocht ist, sind in einer späteren Phase der Analyse beliebige Zusammenfassungen dieser Variablen zu wenigen diskreten Werten ohne weiteres möglich. Würden die vielen Einzelwerte von vornherein zu wenigen Wertgruppen zusammengefaßt, wäre jedwede spätere andere Einteilung ohne Neuverschlüsselung der Daten unmöglich; der Forscher müßte wahrscheinlich auf Analysen verzichten, die eine andere Zusammenfassung der Altersgruppen verlangen. Die gleiche Regel gilt auch für zugewiesene Codes. Das Zusammenfassen mehrerer Möglichkeiten zu einem Code ist leicht; aber es ist unmöglich, diesen einen Code später in der Analysephase zu disaggregieren und anders zu gruppieren. Um sich möglichst viel analytische Möglichkeiten offen zu halten, sollte auch das Meßniveau der jeweiligen Variablen bei der Vercodung erhalten bleiben.

Das niedrigste Meßniveau ist das <u>Nominale</u>. Eine nominale Variable hat mehrere Ausprägungen, die jedoch ungeordnet sind. Variablen wie z. B. Fakultätszugehörigkeit oder Wahlabsicht bei Bundestagswahlen wären solche nominalen Variablen. Die Abfolge in der Zuweisung von Codes für die einzelnen Merkmale ist hierbei beliebig, weil es hier keine zugrundeliegende Rangfolge gibt. Der Forscher kann hier also ganz willkürlich entscheiden, ob er der juristischen Fakultät einen Code von 1 und der philosophischen einen Code von 2 zuweisen will oder umgekehrt, welche Nummern er welchen bundesdeutschen Parteien zuweist usw;seine Analysen werden hierdurch nicht beeinträchtigt, er kann ja ohnehin mit diesen

Variablen nur solche Analysen durchführen, die bei nominalen Variablen möglich sind.

Sind ordinale Daten gegeben, so ist der Forscher weniger frei in seiner Entscheidung über die Zuweisung von Codes. Bei ordinalen Daten gibt es eine Rangfolge, und diese Rangfolge ist zweckmäßigerweise durch die Wahl von entsprechenden Ziffern für die Codes zu erhalten. Wenn in einer Umfrage also auf einer Reihe von Items die Antwortmöglichkeiten "richtig", "ist etwas wahres dran" und "falsch" vorgesehen wären, dann wäre es eine Fehlentscheidung des Forschers, etwa der Antwort "richtig" einen Code von 1, der Antwort "falsch" einen Code von 2 und der Antwort "ist etwas wahres dran" einen Code von 3 zuzuweisen; denn dadurch würde die Ordinalität dieser Antworten nicht erhalten. Wenn der Forscher sich den Weg zu weiterführenden statistischen Analysen nicht erschweren will, wäre es also richtig, diese Daten so zu vercoden: "richtig" erhält den Wert 1, "ist etwas wahres dran" den Wert 2 und "falsch" den Wert 3. Denn wer zu einem Item antwortet "ist etwas wahres dran", stimmt diesem Item ja mehr zu, als ein Befragter, der darauf antwortet "falsch" und wiederum weniger, als ein Befragter, der dies Item "richtig" findet.

Eine Intervallskala unterscheidet sich von der Ordinalskala dadurch, daß nicht nur die Rangfolge durch sie angegeben wird, sondern auch die Abstände zwischen diesen Rangpositionen bekannt sind. Die Rangfolge bei einer Schönheitskonkurrenz z. B. wäre eine Ordinal-, aber keine Intervallskala: aus den Platzziffern ergibt sich nur, daß die Schönheitskönigin schöner ist (oder von der Jury für schöner gehalten wird) als die Bewerberin auf Platz 2; aus den Platzziffern ist nicht zu entnehmen, ob sie doppelt so schön, dreimal so schön oder nur ein ganz klein bißchen schöner ist als die Bewerberin mit der Platzziffer 2 oder auch der Platzziffer 2o.

Alter in Lebensjahren wäre eine Intervallskala: hat diese Variable einen Wert von 40, so wissen wir, daß dieser Befragte doppelt so alt ist wie ein anderer Befragter, der auf dieser Variablen einen Wert von 20 hat.

In der Sozialforschung sind viele Variablen üblich, die zwar keine Intervallskalen im echten Sinne sind, aber doch schon wesentlich mehr Angaben, als bloße Rangordnungen enthalten. Bei solchen Variablen ist es für spätere Analysen nützlich, die Werte bei der Vercodung so zu wählen, daß die numerischen Differenzen der verschiedenen Werte ungefähr den vermutlichen Distanzen auf der zugrundeliegenden Dimension entsprechen. Nur wenn diese Voraussetzung einer vernünftigen Vercodung gegeben ist, darf man es bei der Analyse wagen, "eigentlich" nur ordinale Variablen in Analysetechniken einzubringen, die nach den Regeln der statistischen Theorie Intervallskalen verlangen.

In jedem Fall ist dazu zu raten, nur numerische Werte bei einer Vercodung zu verwenden. Wenn die Codes zu zahlreich sind, um von den 10 Möglichkeiten des Ziffernbereichs einer Spalte (von 0 - 9) gedeckt zu werden, ist die Variable eben mehrstellig auf aufeinanderfolgenden Spalten abzulochen. Für nominale Variablen ist zwar eine Analyse mit Computern auch möglich, wenn außer den Ziffern von 0 - 9 auch die anderen möglichen Lochpositionen und legitimen Lochkombinationen (d.h. EBCDIC-Zeichen) verwandt werden, aber der Aufwand bei der späteren Verarbeitung nimmt zu.

Ganz entschieden ist davon abzuraten, beliebige Lochkombinationen in derselben Spalte zuzulassen; solche Mehrfachlochungen führen dazu, daß die Lochkarten von dem Kartenleser der für den Forscher zugänglichen Computerinstallation möglicherweise überhaupt nicht gelesen werden können,und erfordern entweder einen erheblichen Programmieraufwand, um die Daten analysierbar zu machen,oder schränken die

Wahlfreiheit bei der Entscheidung für ein bestimmtes Datenanalysesystem zur Auswertung erheblich ein. Die Technik der Mehrfachlochung, der Verschlüsselung von mehreren Variablen in einer Spalte, war nützlich, solange die Fachzählsortiermaschine das einzige technische Hilfsmittel der Datenanalyse war, das dem Forscher zur Verfügung stand; heute sind diese Vercodungstechniken obsolet. Daß durch Mehrfachlochungen möglicherweise Lochkarten gespart werden, kann kein Argument sein; was hier möglicherweise an Geld für Lochkarten gespart werden könnte, steht in überhaupt keinem Verhältnis zu der unendlichen Mühe, die später erforderlich ist, um diese mehrfachgelochten Karten für Datenanalysen mit Computern schließlich doch noch verwertbar zu machen.

Mehrfachlochungen sind selbstverständlich auch dann unzulässig, wenn bei einer bestimmten Frage Mehrfachnennungen zulässig sind. Auf die Frage, "welche Wochenzeitungen lesen Sie?" kann ein Befragter selbstverständlich mehrere Wochenzeitungen nennen: die Lektüre von "Bayernkurier" und "St.-Pauli-Nachrichten", von "Zeit" und "Neuer Revue" schließen sich ja gegenseitig keineswegs aus. Aus einer solchen Frage, bei der Mehrfachnennungen zulässig sind, sind deswegen bei der Vercodung mehrere Variablen zu bilden, die in verschiedenen Spalten abzulochen sind. Dabei gibt es im wesentlichen zwei Möglichkeiten: entweder werden die Nennungen zu Variablen gemacht; die erste Nennung ist die erste Variable, die zweite Nennung die zweite Variable usw. Oder die möglichen Antworten werden als Variablen betrachtet: jede der möglichen Nennungen wird eine eigene Variable mit jeweils zwei Ausprägungen für "genannt" und "nicht genannt". Welche dieser beiden Möglichkeiten gewählt wird, muß der Forscher je nach seinen Analyseabsichten entscheiden. Dabei sind Art der Fragestellung und der möglichen Antworten und die Möglichkeiten des Analysesystems, das er verwendet, zu berücksichtigen.

DATA-TEXT und OSIRIS lassen Variablen mit mehreren Werten für die Analyse von Häufigkeitsverteilungen zu; der Benutzer dieser Systeme sollte die entsprechenden Handbücher konsultieren, bevor er eine Entscheidung über die Vercodung von Variablen mit Mehrfachnennungen trifft.

Mehrfachnennungen sind nicht das einzige Problem der Vercodung; neben Befragten, die mehrere Nennungen machen, gibt es solche Befragte, die gar keine Antwort geben, sei es nun, daß sie eine Antwort verweigern, dem Interviewer "weiß nicht" sagen, oder daß bestimmte Fragen für bestimmte Befragte nicht angemessen sind (wenn der Befragte auf eine vorherige Frage mitgeteilt hat, daß er keine Zeitung liest, dann ist eine folgende Frage, wie häufig er seine Heimatzeitung liest, offenkundig unsinnig; für diese Frage hat der Befragte keinen legitimen Wert). Im Codebuch muß festgelegt werden, welcher Code anzeigen soll, daß für einen Befragten ein legitimer Wert einer bestimmten Variablen nicht vorhanden oder bekannt ist. Eine einfache, aber zuweilen nicht beachtete Grundregel ist hierbei, daß die Codes für fehlende Werte außerhalb des Lochbereichs der legitimen Werte liegen sollten. Da auf die Frage "wieviele Kinder haben Sie" 0 eine legitime Antwort ist, kommt die Null als Lochposition für die Befragten, deren Kinderzahl wir nicht wissen, nicht in Frage. Die Wahl der Codes für fehlende Werte ist selbstverständlich beliebig; es hat sich aber praktisch herausgestellt, über alle Variablen hinweg für fehlende Werte die gleichen Codes zu verwenden; wird ein solches Verfahren angewandt, weiß man beim Auftreten einer 8 in einer einstelligen Variablen z. B. sofort, daß der Befragte auf die entsprechende Frage mit "weiß nicht" geantwortet hat; bei zweistelligen Variablen könnte "weiß nicht" dementsprechend durch 98 signalisiert werden. Es kann nützlich sein, für die verschiedenen Arten von fehlenden Werten aus methodischen Gründen verschiedene Werte vorzusehen und dadurch die Verweigerer z. B. von den Befragten, die "weiß nicht" antworten und

Abb. 6 Organisation einer Datei auf mehreren Kartenarten

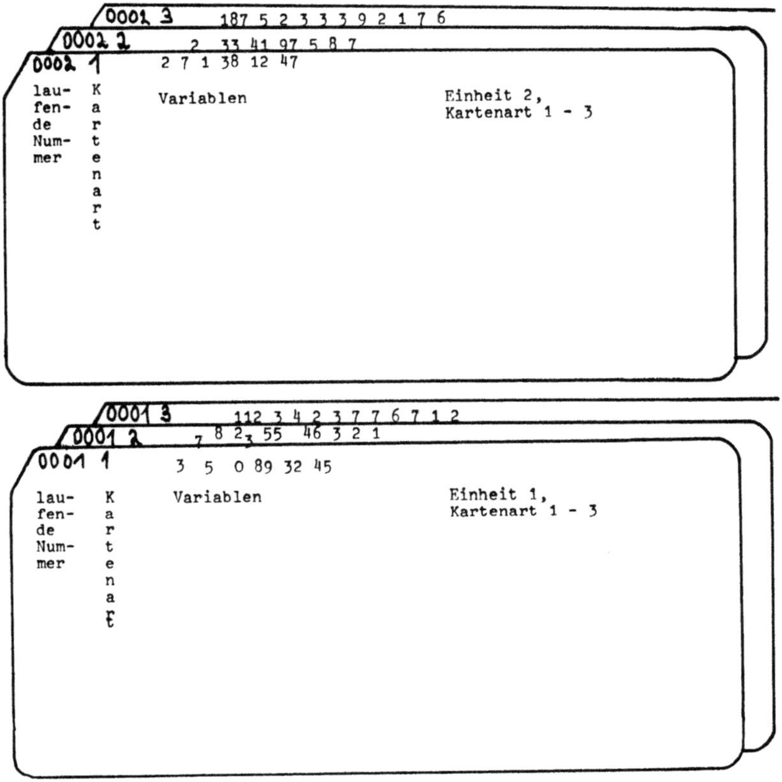

denjenigen, bei denen eine entsprechende Frage schlicht unangemessen wäre, zu unterscheiden, indem für diese verschiedenen Arten von fehlenden Werten unterschiedliche Codepositionen zugewiesen werden.

Bevor sich der Forscher endgültig für die eine oder andere Weise der Definition fehlender Werte in seinen Codes entscheidet, sollte er wissen, mit welchem Datenanalysesystem er seine Daten analysieren wird. Arbeitet er mit DATA-TEXT, wird er vielleicht grundsätzlich Leerspalten (blanks) für alle fehlenden Werte vorsehen; arbeitet er mit SPSS, wäre eine solche Verschlüsselung fehlender Werte ausgesprochen unpraktisch.

In vielen Situationen wird es nicht ausreichen, pro Fall nur eine einzige Lochkarte als Datenträger zu haben; mehrere Lochkarten für die Verschlüsselung aller Angaben, die z.B. ein Befragter in einer üblichen Umfrage macht, sind die Regel. Werden mehrere Kartenarten verwandt, so muß jede Karte durch Befragtennummer und Kartenart eindeutig identifizierbar sein. Jede Karte sollte die laufende Nummer des Befragten und die Ziffer der Kartenart enthalten. Je nachdem, wievielstellig die Anzahl der Fälle ist, ist die Feldweite (Zahl der Spalten) für die laufende Nummer des Befragten zu bestimmen. Die laufende Nummer des Befragten könnte z.B. in den ersten Spalten einer jeden Lochkarte abgelocht werden. Direkt daran anschließen sollte die Spalte (oder mehrere Spalten, wenn es sich um mehr als 10 Kartenarten handelt) für die Verschlüsselung der Kartenart. Falls es sich nicht um die einzige Studie eines Forschers oder einer Forschungsinstitution handelt, die Lochkarten als Datenträger hat, ist es zweckmäßig, in allen Lochkarten sämtlicher Befragter auch die Studiennummer abzulochen, z.B. in den letzten Spalten jeder Lochkarte, um eine eindeutige Identifizierung aller Lochkarten zu ermöglichen.

Abb. 7 Codeblatt zur Vorbereitung des Ablochens von Daten

Zentralarchiv für empirische Sozialforschung
Universität zu Köln

Coder
Projekt

1	2	3	4	5	6	7	8	9	10
11	12	13	14	15	16	17	18	19	20
21	22	23	24	25	26	27	28	29	30
31	32	33	34	35	36	37	38	39	40
41	42	43	44	45	46	47	48	49	50
51	52	53	54	55	56	57	58	59	60
61	62	63	64	65	66	67	68	69	70
71	72	73	74	75	76	77	78	79	80

Abb. 8 Codeblatt für Belegleser

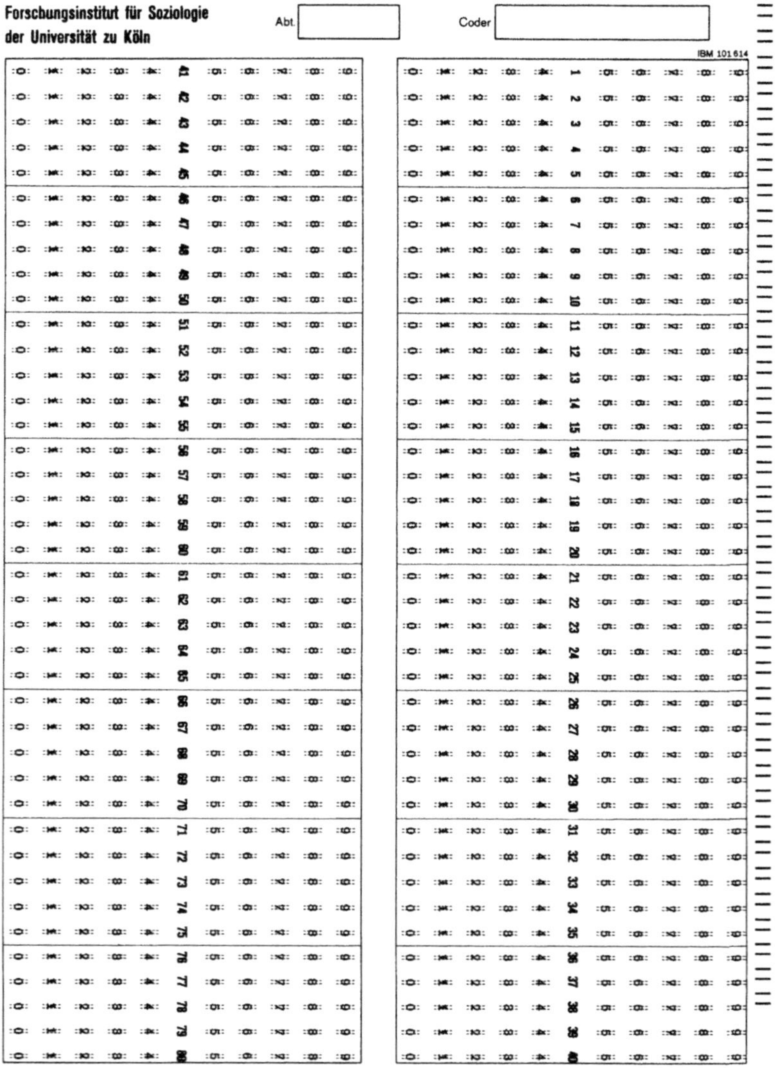

Ist der Codeplan festgelegt, können die Daten verschlüsselt werden. Wenn nicht direkt vom Fragebogen z.B. abgelocht werden kann, sind die Daten auf Codeblätter zu übertragen. Die Ziffern auf den Codeblättern können dann entweder mit einem Schreiblocher auf Lochkarten übertragen werden, oder, wenn entsprechende genormte Blätter zur Vercodung verwandt wurden, können die Daten in einen automatischen Belegleser eingegeben werden, der sie auf ein anderes, maschinenlesbares Medium (Lochkarten oder Band) überträgt.

Für spätere Datenprüfungen und Datenkorrekturen ist es zweckmäßig, auch die Nummer des Interviewers und Namen bzw. Kennziffer des jeweiligen Vercoders zusätzlich abzulochen.

2. 6 Maschinenlesbare Codebücher

Soll das Codebuch seinen Zweck erfüllen, so muß es alle in den Daten vorkommenden Codes eindeutig bestimmen. Es erfüllt seinen Zweck nicht, wenn in den Datenträgern Lochkombinationen vorkommen, die nur von demjenigen entschlüsselt werden können, der die Vercodungsregeln für diese Variable entworfen hat. So einsichtig dies abstrakt formuliert klingt, so häufig wird dieser Grundsatz in der Forschungspraxis mißachtet. Immer wieder wird es erforderlich, im Lauf der Datenaufbereitung oder der Vercodung für bestimmte Fälle zu neuen Vercodungsregeln zu gelangen. Der Codeplan, der zu Beginn aufgestellt wurde, muß entsprechend modifiziert oder ergänzt werden. In der Praxis sind aber von der technischen Seite her oft nicht die Voraussetzungen gegeben, die erforderlich sind, um solche Veränderungen so vorzunehmen, daß sie den (ursprünglich akzeptierten) Regeln entsprechen. Wird etwa zu Anfang ein hektographierter Codeplan erstellt, der im Lauf der Vercodung oder Datenaufbereitung ergänzt oder verändert werden muß, so werden häufig aus praktischen Gründen die notwendigen

Veränderungen nur in das Handexemplar des für den spezifischen Code Verantwortlichen eingetragen, wenn sie überhaupt schriftlich niedergelegt werden. Solche in der Forschungspraxis immer wieder vorkommenden Vorgehensweisen haben zur Folge, daß die so erstellten Daten nicht vollständig dokumentiert sind.

Dieses Problem wird wesentlich erleichtert, wenn sofort bei Festlegung der Vercodungsregeln ein Codebuch in maschinenlesbarer Form erstellt wird. Mit einem solchen maschinenlesbaren Codebuch, das den Konventionen eines der hier diskutierten Datenanalysesysteme entspricht, sind zugleich wesentliche Voraussetzungen für die spätere Datenaufbereitung und Datenanalyse geschaffen. Wie ein solches maschinenlesbares Codebuch in den verschiedenen Analysesystemen erstellt wird, wird im nächsten Kapitel eingehender beschrieben. Hier ist darauf hinzuweisen, daß ein solches maschinenlesbares Codebuch wesentlich einfacher zu modifizieren ist. Durch Austausch etwa von Lochkarten, die bestimmte Variablen, Antworten oder Codes beschreiben, sind Veränderungen fortlaufend möglich; durch Hinzufügung weiterer Lochkarten an entsprechender Stelle sind Ergänzungen, Hinzufügung neuer Variablen usw. ohne großen technischen Aufwand realisierbar. Von dem so modifizierten Codebuch können leicht wieder beliebig viele Ausdrucke erstellt werden. So kann erreicht werden, daß die Codebuch-Exemplare aller an einem Forschungsprojekt beteiligten auf dem neuesten Stand sind und die Daten bei der Übergabe an andere (z.B. an ein Archiv für Umfragedaten) tatsächlich dokumentiert sind. Bei bestimmten Typen von Studien wie z.B. Panels ergibt sich darüber hinaus eine beträchtliche Arbeitserleichterung dadurch, daß etwa bei Wiederholung von Fragen ohne weiteres Teile des Codebuchs gedoppelt werden können; der Aufwand an mechanischer Arbeit wird hierdurch erheblich reduziert. Der gleiche Vorteil der Arbeitsersparnis tritt ein, wenn mehrere Studien zusammengefaßt werden sollen. Wenn etwa die Daten einer Umfrage zusammengebracht werden sollen mit einer Datei, die statistische Merkmale u.a. auch der Gemeinden enthält, in denen diese Befragten leben, so ist die vollständige Dokumentation dieser neuen Datei, die Angaben sowohl über Individuen als auch über ihren Kontext enthält, beim Vorhandensein maschinenlesbarer Codebücher für beide Ursprungsdateien wesentlich leichter, als wenn beide Ursprungsdateien nur durch hektographierte oder photokopierte Codebücher dokumentiert wären, weil im letzteren Fall durch einen beträchtlichen Aufwand an mechanischer Arbeit zahlreiche Angaben z.B. über Kartenarten und Spalten bestimmter Variablen zu ändern wären. Bei Vorhandensein maschinenlesbarer Codebücher sind solche Veränderungen automatisch vorzunehmen oder der zu verbessernde Teil kann ausgetauscht werden, ohne daß deswegen sämtliche Informationen neu geschrieben bzw. abgelocht werden müßten.

2.7 Datenprüfung

Ist ein Codebuch erstellt und sind alle erforderlichen Angaben über alle Analyseeinheiten nach den darin enthaltenen Regeln vercodet und auf einen maschinenlesbaren Datenträger gebracht, müssen zunächst sorgfältige Prüfungen der maschinenlesbaren Daten erfolgen, bevor mit ihnen Analysen unternommen werden.

Zur Prüfung der Richtigkeit der Vercodung und des Ablochens gibt es eine Reihe von Regeln, die in den Lehrbüchern der Sozialforschung ausführlich diskutiert werden. Datenprüfung und Datenkorrektur werden durch die in diesem Analysesystem gebotenen Möglichkeiten wesentlich erleichtert; aus diesem Grunde werden die technischen Möglichkeiten der Prüfung etwa auf Lochfehler, Konsistenz usw. erst in einem folgenden Kapitel abgehandelt. Diese Prüfungen sind wesentlich einfacher vorzunehmen, wenn zunächst die Dateien in einem

Datenanalysesystem definiert sind. Bevor die Daten in einem Datenanalysesystem jedoch definiert und einer genaueren Prüfung unterworfen werden, sind die Daten für das Analysesystem entsprechend zu organisieren und dabei auf Vollständigkeit zu prüfen. Werden Lochkarten als Datenträger verwendet, so sind diese zunächst nach der Reihenfolge der laufenden Nummer zu sortieren. Gibt es pro Objekt mehrere Kartenarten, ist es zweckmäßig, die Identifikationsnummer des Falls als Sortieroberbegriff und die Kartenart als Sortierbegriff innerhalb des einzelnen Objekts zu verwenden. Ist die Zahl der Befragten und die Zahl der Kartenarten pro Objekt relativ klein, ist es häufig das Einfachste, die Lochkarten mit Hilfe einer Fachzählsortiermaschine zu sortieren und dann vom Computer mit einem Dienstprogramm auflisten zu lassen. Aus dieser Liste sind dann Unstimmigkeiten wie fehlende Objekte, fehlende Kartenarten bei bestimmten Objekten oder Doppel von Lochkarten für bestimmte Befragte oder bestimmte Kartenarten zu erkennen. Die Korrekturen können mit geringem Aufwand dann von Hand leicht vorgenommen werden.

Ist die Datenmenge größer, empfiehlt es sich, schon zur ersten Kontrolle die Möglichkeiten von Datenverarbeitungsanlagen zu benutzen. Statt die Lochkarten unter beträchtlichem Arbeitsaufwand mechanisch zu sortieren und sie dabei dem Risiko der Beschädigung auszusetzen, ist die Benutzung eines Sortierprogramms zu empfehlen; die sortierten Daten sind dann auf einem Magnetband zu speichern. Übliche Sortierprogramme, so wie sie von den Herstellern von Datenverarbeitungsanlagen als Dienstprogramme zur Verfügung gestellt werden, prüfen dabei in der Regel weder die Vollständigkeit der Objekte noch kann mit ihrer Hilfe festgestellt werden, ob bestimmte Fälle etwa doppelt abgelocht wurden bzw. versehentlich identische Identifikationsnummern aufweisen.

Die Prüfung von Daten auf Vollständigkeit und ihre Korrektur ist möglich mit Routinen, die in den Datenanalysesystemen DATA-TEXT und OSIRIS enthalten sind. Bei DATA-TEXT ist in der Definition der Datei anzugeben, wie die Daten geprüft werden sollen und was mit unvollständigen oder doppelten Fällen zu geschehen hat. Bei OSIRIS ist das Programm CHECKMERGE aufzurufen und zu spezifizieren, wie unvollständige oder doppelte Daten zu behandeln sind. Unvollständige Fälle können weggelassen oder aufgefüllt werden; bei doppelten Fällen ist anzugeben, ob diese Fälle insgesamt zu entfernen sind oder ob etwa der erste vollständige Fall zu behalten ist und alle folgenden mit der gleichen Identifikationsnummer zu entfernen sind usw. SPSS ermöglicht diese Art von Prüfung der Daten auf Vollständigkeit und ihre Korrektur nicht. Installationen, die SPSS verwenden, stellen deswegen häufig eigene Programme zur Verfügung, die die Daten auf Vollständigkeit, doppelte Objekte usw. prüfen und die notwendigen Korrekturen nach den Anweisungen des Benutzers vornehmen. Ein solches Programm ist z.B. das am Rechenzentrum der Universität zu Köln entwickelte Programm In-SPSS, das neben der Datenprüfung und Datenkorrektur nach den Spezifikationen des Benutzers auch weitere für den Benutzer von SPSS erforderliche oder nützliche Angaben wie Zahl der beibehaltenen, zurückgewiesenen und aufgefüllten Fälle usw. ausgibt. Durch den Ausdruck der beanstandeten Datenkarten erhält der Benutzer die Möglichkeit, die Anwendung der von ihm gegebenen Anweisungen zu kontrollieren und ggf. selbst die Verbesserung an den entsprechenden Daten vorzunehmen.

3. Definition und Transformation der Daten

Bevor die maschinenlesbar aufbereiteten Daten vom Benutzer von Datenanalysesystemen analysiert werden können, müssen die Daten den Regeln des jeweiligen Systems entsprechend definiert werden. Die so geschaffene Datei, die neben den definierten auch zusätzliche, vom Benutzer durch arithmetische oder logische Regeln bestimmte Transformationen dieser Variablen enthält, heißt in den Handbüchern system file (oder eben DATA-TEXT file, OSIRIS file oder SPSS file). Ist diese Datei einmal geschaffen und maschinenlesbar aufbewahrt (auf einem Magnetband oder in einem für den Benutzer reservierten Plattenbereich), kann ohne neuen Aufwand der Dateidefinition sofort mit der Analyse begonnen werden; Namen und Etiketten von Datei, Variablen und Werten sind darin enthalten, so wie sie vorher zugewiesen wurden.

Bevor an Beispielen die Möglichkeiten der Dateidefinition in den verschiedenen Systemen dargestellt werden, sind zunächst einige der wichtigsten Konventionen zu nennen, die beim Schreiben eines Programms zu beachten sind.

3.1 Konventionen der Systeme

3.1.1 DATA-TEXT

Die Karten eines DATA-TEXT-Programms sind für das System durch einen Stern in Spalte 1 als Kontrollkarten erkennbar; reicht eine Karte für eine bestimmte Anweisung nicht aus, so kann sie auf weiteren Karten, die ebenfalls in Spalte 1 das Kontrollzeichen * aufweisen müssen, fortgesetzt werden; diese Folgekarten müssen durch einen Stern in Spalte 80 der Karte, die fortgesetzt wird, angekündigt werden. Leerzeichen können zur Trennung einzelner Instruktionen beliebig verwendet werden; wenn kein anderes Trennzeichen zwischen den Wörtern der Instruktionen vorkommt, müssen sie durch mindestens ein Leerzeichen (blank) voneinander getrennt werden.

Die Serie der Instruktionen muß eine bestimmte Reihenfolge einhalten: die erste Instruktion ist +DECK. Sie signalisiert den Beginn des Programms und erlaubt, auf jede Seite des Ausdrucks eine Überschriftszeile zu drucken. Darauf folgt (auf einer neuen Kontrollkarte) die Instruktion +READ, die angibt, welche Art von Datei auf welchem Datenträger gelesen werden muß. Darauf folgen Formatanweisungen, Definition und Transformation der Variablen und schließlich die Anweisungen, Analysen durchzuführen: *COMPUTE. Die Ausführung des Programms wird ausgelöst durch die auf alle anderen Anweisungen folgende Instruktion *START. Das Programm endet mit der Anweisung *END, auf die weitere *DECKs folgen können. Am Ende aller so zusammengefaßten DATA-TEXT-Programme (die jeweils mit *DECK beginnen und mit *END abschließen) steht die Anweisung *EXIT. Die Sprache der Anweisungen des DATA-TEXT-Systems ist der (englischen) Sprache der Sozialforschung sehr ähnlich und macht DATA-TEXT-Programme einfach verständlich. Für viele der Instruktionen gibt es auch Kurzfassungen (z.B. FACT statt COMPUTE FACTORS), die den Schreibaufwand verringern (und damit natürlich auch die Verständlichkeit des Programms für Nicht-Eingeweihte reduzieren).
Dabei sind jedoch die Sprachregeln, die in Kapitel 16 des DATA-TEXT-Primer ("DATA-TEXT LANGUAGE SPEZIFIKATIONS") zusammengefaßt sind, strikt zu beachten; Synonyme für Anweisungen, die hier nicht explizit genannt sind, sind unzulässig.

3.1.2 OSIRIS-Konventionen

OSIRIS setzt sich aus einer Vielzahl von Einzelprogrammen zusammen. Diese Einzelprogramme erstellen oder verarbeiten OSIRIS-SYSTEM-Dateien oder OSIRIS-Matrizen. Die Kontrollkarten müssen den Regeln des jeweiligen Einzelprogramms entsprechen. Die Syntax der Anweisungen ist nicht durchgängig einheitlich, aber weitgehend ähnlich. Die Bedeutung der einzelnen Kontrollkarten wird vom System nach ihrer relativen Position in der Abfolge des Programms bestimmt. So muß z.B. fast jedes Programm eine Titelkarte aufweisen, die jeweils die erste Karte des Programms ist (wenn nicht mit Hilfe einer GLOBAL FILTER CARD, die vorher im Programm erscheinen müßte, ein Teil der Fälle ausgefiltert wird). Diese Karte darf nicht fehlen; wenn kein Titel gedruckt werden soll, muß an der Stelle der Titelkarte eine Leerkarte erscheinen.

Die meisten Analyseprogramme von OSIRIS verlangen ferner vor den einzelnen Parameterkarten eine "Variable List Card", auf der die Variablen zu spezifizieren sind, die im Lauf der Analyse verwandt werden sollen. In dieser Karte werden die Variablen mit ihrer Nummer und dem Buchstaben V vor dieser Nummer aufgerufen, während auf den folgenden Parameterkarten die Variablen zumeist nur mit ihrer Nummer (ohne vorhergehendes V) aufzurufen sind. Die Variablenliste wird durch einen Stern (*) abgeschlossen.

Der Benutzer wählt seine Optionen auf den Parameterkarten der Programme durch die Spezifikation bestimmter keywords. Ein solches keyword ist ein englisches Wort oder eine Abkürzung, wodurch eine Option repräsentiert oder der Wert eines Parameters bestimmt wird. Manche dieser keywords können allein auf einer Karte stehen und dadurch eine Option aufrufen; durch die Angabe von MATRIX auf einer entsprechenden Karte würde angegeben, daß anstelle von Rohdaten eine Matrix des OSIRIS-Typs gelesen werden soll. Andere keywords werden erst durch die auf sie folgenden Werte bestimmt; so wird durch die Anweisung NAME=SCHULBILDUNG im FILEBUILD-Programm einer Variablen ein bestimmter Name gegeben. Sie können jedoch gegebenenfalls durch eine auf sie folgende Liste von Worten, die voneinander durch Kommata zu trennen und durch eine auf das Gleichheitszeichen folgende Klammer zu verbinden sind, Optionen spezifiziert werden. Die Anweisung DICT=(CARD,KEY) spezifiziert so z.B., daß die Angaben der Dateidefinition (dictionary) auf folgenden Karten gegeben werden und dabei das "keyword format" gewählt wird.

Fast jedes dieser keywords hat einen Standardwert (default value), der eingesetzt wird, wenn es nicht spezifiziert ist. Diese default options sind in den Programmbeschreibungen entweder explizit genannt oder durch Unterstreichung kenntlich gemacht. So kann die Anweisung DICT=(CARD,KEY) vom Benutzer ohne weiteres auch weggelassen werden, da beides Standardwerte sind. Bei einzelnen Analyseprogrammen ist es dadurch möglich, daß eine vollständige Parameterkarte nur aus dem Stern besteht, der die Folge der keywords abschließt: in diesem Fall gelten alle default options.

3.1.3 SPSS-Konventionen

Alle Kontrollkarten, die der Benutzer des Systems SPSS ausfüllen muß, haben, welche Funktion auch immer sie erfüllen, ein gemeinsames Format: jede dieser Karten besteht aus zwei Feldern: a) dem Kontrollfeld von Spalte 1 bis 15, in dem linksbündig das Kontrollwort zu lochen ist, durch welches die Kontrollkarte bestimmt wird und b) dem Spezifikationsfeld in Spalte 16 bis 80 dieser und aller Fortsetzungskarten. Im Spezifikationsfeld werden vom Benutzer die Parameter, Namen, Etiketten und/oder Instruktionen mitgeteilt, die die Ausführung der vom Kontrollwort bezeichneten Funktion ermöglichen.

Die Kontrollkarten des Systems sind in einer bestimmten Reihenfolge vom Benutzer zu einem Programm zusammenzustellen. Ihre Abfolge wird übersichtlich dargestellt in der zweiten Tabelle des Appendix B des SPSS-Handbuchs (26 , S. 252). Grundsätzlich gilt folgende Abfolge: Dateidefinition, Variablendefinition und -beschreibung, Variablentransformation, erster Aufruf eines Analyseprogramms (procedure card),

Einlesebefehl, weitere Analysebefehle bis zur FINISH-Karte. Wird eine Systemdatei verarbeitet, entfallen Datei- und Variablendefinition sowie der Einlesebefehl READ INPUT DATA.

Es ist zu empfehlen, die Zusammenfassung der allgemeinen Regeln für SPSS-Kontrollkarten (26 , S.25) sorgfältig zu beachten. Es genügt nicht, nur die Regeln für die je einzelnen Kontrollkarten, so wie sie in den jeweiligen Kapiteln des Handbuchs mitgeteilt werden, zu beherzigen, da in den die einzelnen Kontrollkarten und ihre Funktionen beschreibenden Kapiteln diese allgemeinen Regeln nicht immer wiederholt werden. So führt bei Anfängern häufig die Nichtbeachtung der Trennungsregeln zu Fehlern.

3.2 Dateidefinition

Wesentlicher Vorteil der Analysesysteme ist es, daß der Benutzer für seine Analysen nur Variablen spezifizieren muß; er kann diese Variablen mit einer Variablennummer oder einer für ihn sinnvollen Abkürzung aufrufen, ohne sich darum kümmern zu müssen, auf welcher Kartenart und in welcher Spalte diese Variable abgelocht war. Damit dies jedoch möglich wird, muß er durch die Definition der Datei vor jeder Analyse angeben, an welcher Stelle des Datenträgers bestimmte Variablen zu finden sind.

Drei verschiedene Arten der Zuordnung von Variablen zu bestimmten Positionen auf dem Datenträger sind hier zu unterscheiden:

a) direkte Bestimmung der Spalte und Kartenart für jede Variable
b) Variablenliste und Formatanweisung des Fortran-Typs
c) automatische Zuordnung der Variablenliste (free-field)

Die direkte Bestimmung der Spalte einer Variablen, wie sie

von DATA-TEXT und OSIRIS verwandt wird, bedarf hier keiner weiteren Erläuterung. Die Formatanweisung, die von DATA-TEXT und SPSS als Möglichkeit der Zuordnung von Variablen zu Spalten angeboten wird, entspricht mit gewissen Modifikationen den Konventionen der Programmiersprache FORTRAN IV. In welcher Spalte welcher Kartenart das System eine bestimmte Variable liest, ist abhängig von der relativen Position dieser Variablen in der Variablenliste, der das Element der Formatanweisung zugeordnet wird, das die gleiche relative Position in der korrespondierenden Formatanweisung aufweist. Die zulässigen Elemente sind in Tabelle 3 aufgeführt und erläutert. Zu beachten ist, daß selbstverständlich bei der Bestimmung der relativen Position eines Elements die Zeichen X, / oder T nicht mitzurechnen sind, da durch sie das Überschlagen von Spalten oder Kartenarten verlangt wird; und Spalten, die überschlagen werden sollen, haben keine Entsprechung in der Variablenliste, die ja nur die Variablen bezeichnet, die Teil der Datei werden sollen.

Die automatische Zuordnung der Variablenliste ist nur für SPSS möglich, wenn die Rohdaten nach den für das free-field Format geltenden Regeln abgelocht sind. Die Variablen können bei diesem Typ der Dateiorganisation, der in Kapitel 2.5 nicht erläutert wurde und nur bei Vorliegen bestimmter besonderer Bedingungen zu empfehlen ist, in von Einheit zu Einheit verschiedenen Spalten abgelocht sein. Nur ihre Reihenfolge muß gleich und für jede Einheit vollständig sein. Damit die Variablen voneinander unterschieden werden können, sind sie durch ein oder mehrere Trennzeichen (Leerspalte oder Komma) voneinander zu trennen. Weitere Regeln nennt das SPSS-Handbuch (26 ,S. 17 f.). Neben der Bezeichnung von Variablen mit Nummern oder kurzen Namen ist die Zuweisung von Etiketten (labels) zu den Variablen und ggfs. ihren diskreten Werten möglich. Diese werden zusätzlich zu der Variablen vom System ausgedruckt, so daß die Ergebnisse von Analysen ohne Rückgriff auf das Codebuch interpretierbar sind.

Tab. 3 Formatanweisungen des Fortran-Typs für DATA-TEXT und SPSS

nAw	definiert n alphanumerische Felder von jeweils w Spalten (oder Bytes)
nFw.d	definiert n numerische Felder von jeweils w Spalten (d gibt an, wieviele dieser Spalten hinter dem Komma stehen; der Dezimalpunkt kann explizit oder implizit sein)
nFw	definiert n ganzzahlige Felder von jeweils w Spalte
nBw	n mehrfachgelochte Felder von jeweils w Spalten (nur zulässig bei DATA-TEXT)
nMw	DATA-TEXT Anweisung zur Umwandlung von dichotomen (0 oder 1) Variablen in Variablen mit mehreren Werten (siehe DATA-TEXT Primer)
nX	Anweisung zum Überspringen von n Spalten
n(spez)	bezeichnet die n-fache Wiederholung des eingeklammerten Ausdrucks, der sich aus den oben bezeichneten Anweisungen zusammensetzt
	(nur in SPSS gültig) : Übergang zur folgenden Kartenart (bzw. logischem Satz)

Neben den Variablen weisen Benutzerdateien häufig Identifikationsfelder auf, in denen die laufende Nummer der Einheit und die Nummer der Kartenart festgehalten ist. Die Systeme unterscheiden sich hinsichtlich der Behandlung solcher Identifikationsfelder voneinander. DATA-TEXT und OSIRIS unterscheiden Variablen und Identifikationsfelder; SPSS akzeptiert nur Variablen. Während bei Daten, die mit DATA-TEXT verarbeitet werden, Identifikationsfelder nicht zwingend vorgeschrieben sind und auch fehlen dürfen, müssen für OSIRIS in allen Daten, deren Einheiten sich aus mehreren logischen Sätzen (wie z.B. Lochkarten) zusammensetzen, eine Identifikationsnummer der Einheit in ihren logischen Sätzen sowie eine Kennzeichnung jeder Kartenart (deck) vorhanden sein.

Die folgende Darstellung der Dateidefinition mit den verschiedenen Systemen und die Beispiele, die gegeben werden, illustrieren die unterschiedlichen Möglichkeiten. Selbstverständlich kann hier zum Zweck einer Einführung nur ein Teil der Optionen, die von den Systemen eröffnet werden, dargestellt und illustriert werden. Um tatsächlich Dateien zu definieren oder bestimmte Einzelfragen ("enthält System X eine Option, die den Bedingungen Y und Z einfach gerecht wird?") zu beantworten, ist die Benutzung des Handbuchs des jeweiligen Systems unerläßlich.

3.2.1 Dateidefinition mit DATA-TEXT

DATA-TEXT gibt dem Benutzer verschiedene Möglichkeiten der Dateidefinition. Die beiden wichtigsten sind a) die Definition mit Format-Anweisungen des FORTRAN-Typs (siehe Tabelle 3) und b) die Spezifikation der Spalten. In unserem Beispiel wird der letztere Typ verwandt. Mit der Formatspezifikation des FORTRAN-Typs werden alle Variablen zunächst für temporär erklärt (sogenannte X-Variablen); sie können für Transformationen benutzt oder mit dauerhaften Variablen gleichgesetzt, aber nicht ohne eine solche Umwandlung in Analyseprozeduren

Abb. 9 Beispiel eines DATA-TEXT-Programms

```
*DECK TEST 55 POOL
*READ TAPE 1
*CARD FORMAT/UNIT=COL(4-7)
*BERUFB  =COL(8-9/1)   =BERUF DES BEFRAGTEN(1=FREIE BERUFE/2=GESCHAEFTSL/       *
*                       3=ANGEST,BEAMT/4=S HANDWERKER/5=ARBEITER/6=HAUSANGEST/  *
*                       7=L-WIRTE,-ARB/8=HAUSFRAUEN/9=ARBEITSLOSE/              *
*                       10=PENSIONAERE/11=STUDENTEN/12=LEHRLINGE)
*BERUFHV =COL(10-11/1)=BERUF DES FAMOBERHAUPTES(1=FREIE BERUFE/2=GESCHAEFTSL/   *
*                       3=ANGEST,BEAMT/4=S HANDWERKER/5=ARBEITER/6=HAUSANGEST/  *
*                       7=L-WIRTE,-ARB/8=HAUSFRAUEN/9=ARBEITSLOSE/              *
*                       10=PENSIONAERE/11=STUDENTEN/12=LEHRLINGE)
*ALTER   =COL(12/1)    =ALTER(1=BIS 29/2=30-44/3=45-64/4=65,AELTER)
*PARTEIPR=COL(13-14/1)=PARTEIPRAEFERENZ(1=SPD/2=CDU,CSU/3=FDP/4=DP/5=DRP/      *
*                       6=BHE/7=KPD/8=ANDERE/9=KEINE/99=KM,WN)
*SCHULE  =COL(15/1)    =SCHULBILDUNG(1=VOLKSSCHULE/2=MITTELSCHULE/3=ABITUR/     *
*                       4=UNI)
*SEX     =COL(16/1)    =GESCHLECHT(1=MAENNLICH/2=WEIBLICH)
*SCHICHT(1)=COL(17/1) =SCHICHTSCHEMA '1'(1=A/2=B/3=C/4=D/BLANK=SCHEMA '2')
*SCHICHT(2)=COL(18/1) =SCHICHTSCHEMA '2'(1=OBER/2=MITTEL/3=UNTER/               *
*                       BLANK=SCHEMA '1')
*ORTSGR(1)=COL(19/1)  =ORTSGROESSE '1'(1=BIS 2000/2=2-5000/3=5-20000/           *
*                       4=20-100000/5=-250000/6=250000,MEHR/BLANK=CODE '2')
*ORTSGR(2)=COL(20/1)  =ORTSGROESSE '2'(1=BIS 1000/2=1-2000/3=2-5000/            *
*                       4=5-10000/5=10-25000/6=25-50000/7=50-100000/            *
*                       8=-250000/9=250000,MEHR/BLANK=CODE '1')
*LAND    =COL(21-22/1)=LAND(1=SCHL-HOLST/2=HH/3=HB/4=NIEDERSACHSN/              *
*                       5=NRW/6=HESSEN/7=RHEIN-PFALZ/8=NWUERT-BADEN/            *
*                       9=SBADEN/10=SWUERT-HOHNZ/11=BAYERN/12=B)
*FAMEINK =COL(23/1)    =NETTOFAMILIENEINKOMMEN(1=BIS 149/2=150-299/             *
*                       3=300-399/4=400-599/5=600,MEHR)
*DGB     =COL(24/1)    =GEWERKSCHAFTSMITGLIED(1=JA/2=NEIN)
*FAMSTAND=COL(25/1)    =FAMILIENSTAND(1=LEDIG/2=VERH/3=VERW/4=GESCH,GETR)
*RELIGION=COL(26/1)    =RELIGION(1=KATH/2=EV/3=ANDERE/4=KEINE)
*HERKUNFT(1)=COL(27/1)=ANSAESSIGKEIT '1'(1=VERTRIEBEN/2=B,SBZ,SAAR/             *
*                       3=UEBRIGE BEV/4=AUSLAENDER/BLANK=CODE '2')
*HERKUNFT(2)=COL(28/1)=ANSAESSIGKEIT '2'(1=AUSGEWIESEN/2=FLUECHTLING/           *
*                       3=ANSAESSIGE/4=AUSLAENDER/BLANK=CODE '1')
*COMPUTE FREQUENCIES
*END
*EXIT
```

verwandt werden.

Abbildung 9 zeigt die Definition einer Datei mit DATA-TEXT. Die Daten befinden sich auf einem Magnetband. Da nur eine Karte pro Einheit vorhanden ist, erübrigt sich die Angabe der Spalte für die Kartenart; die laufende Nummer der Einheit steht in Spalte 4 bis 7 (CARD FORMAT). Die Variablen, die mit Namen bezeichnet und durch Angabe ihrer Spalten definiert werden, erhalten verständlichere Bezeichnungen; ihren Werten werden Etiketten zugeordnet, so daß z.B. Tabellierungen von Variablen dieser Datei leicht interpretierbar sind. Nach Ende der Variablendefinition folgt eine COMPUTE Anweisung, durch die eine Randauszählung über alle Variablen bewirkt würde, wenn auf die COMPUTE-Anweisungen (und noch vor der END-Anweisung) der Befehl +START folgte; da dieser Befehl fehlt, wird dieses Programm nur kompiliert und dabei auf formale Richtigkeit geprüft, aber nicht ausgeführt.

Nicht immer aber beabsichtigt der Benutzer, eine Datei häufiger zu verwenden; soll eine Datei nur einmal für einen bestimmten Zweck ausgewertet werden, und ist bereits eine Numerierung der Variablen ausreichend für ein Verständnis der Computerausdrucke, kann der Aufwand der Variablendefinition insbesondere dann reduziert werden, wenn viele Variablen in gleichartiger Weise verschlüsselt sind (etwa: einstellige Variablen in aufeinanderfolgenden Spalten). In diesem Fall kann eine Vielzahl von Variablen mit einer einzigen Anweisung des Typs

VAR (I-J) = COL(m-n (k)/ a)

oder

VAR (I-J) = X (n-m)

definiert werden. Bei der Anweisung des ersten Typs sind I und J entweder Variablennummern, die der Benutzer zuweist, oder Buchstaben, die vom System durch fortlaufende Nummern ersetzt werden. m ist die erste, n die letzte Spalte eines Bereichs; k ist die Zahl der Variablen in diesem Bereich, und a bezeichnet die Kartenart. Bei der Anweisung des letzten Typs wird eine bestimmte Zahl von temporären X-Variablen in normale Variablen umgewandelt.

Soll die Datei mit allen Definitionen als Systemdatei aufbewahrt werden, so wäre im Programm anzugeben +WRITE DATA-TEXT DISC/TAPE I. Das so erstellte Band oder die mit einer solchen Anweisung erstellte Datei auf einer Magnetplatte könnte später mit der Anweisung *READ DATA-TEXT DISC i oder *READ DATA-TEXT TAPE i gelesen werden; unmittelbar an diesen Lesebefehl anschließend könnten *COMPUTE Anweisungen folgen, die bestimmte statistische Analysen verlangen, wenn der Benutzer die Variablen in dieser Form verwenden will.

3.2.2 Dateidefinition mit FBUILD (OSIRIS)

Um von OSIRIS richtig Gebrauch machen zu können, ist ein Verständnis des Konzepts der default options unerläßlich. Sind mehrere Möglichkeiten (Optionen) gegeben, so nimmt, wenn der Benutzer die von ihm gewünschte Option nicht spezifiziert, das System eine dieser Wahlmöglichkeiten an; diese default options sind im OSIRIS-Handbuch explizit genannt oder durch Unterstreichungen kenntlich gemacht.

Bei der Dateidefinition wird es damit unter bestimmten Bedingungen sehr einfach, eine Datei zu definieren; mit den Anweisungen

MUSTERTITELKARTE DEFAULT OPTIONS
NVOUT=80*
REPEAT=80*
END*

würde eine OSIRIS-Datei von 80 numerierten, nicht-etikettierten numerischen Variablen geschaffen, die auf einem Datenträger in Spalte 1 - 80 gelocht waren. Sämtliche default options des Filebuild-Programms gelten. In dem Beispiel in

Abb. 10   Definition einer OSIRIS-Datei

```
DIES IST EINE TITELKARTE
NVOUT=23 DICT=(CARD,KEY) DATA=CARD NOTEST PRINT=BADS *
NAME='ADENAUER ZUFRIEDENHEIT' DECK=1 COL=6 WIDTH=1 MD1=9 BRUL=MD1 *
NAME='ADENAUER ANSEHEN' DECK=1 COL=7 WIDTH=1 MD1=9 BRUL=MD1 *
NAME=WVWICHTIGKEIT DECK=1 COL=9 WIDTH=1 MD1=9 BRUL=MD1 *
NAME=WVNACHTEILE DECK=1 COL=15 WIDTH=1 MD1=9 BRUL=MD1 *
NAME='RUSS-WESTPLAENE F WV' DECK=1 COL=18 WIDTH=1 MD1=9 BRUL=MD1 *
NAME='RUSS VORSCHLAEGE F WV' DECK=1 COL=19 WIDTH=1 MD1=9 BRUL=MD1 *
NAME='EINSTELLUNG ZUR WV' DECK=1 COL=29 WIDTH=1 MD1=9 BLANKS=7 *
NAME='STELLUNG DEUTSCHL N WV' DECK=1 COL=41 WIDTH=1 MD1=3 MD2=9 BRUL=MD2 *
NAME='BES WIPOLVERANST' DECK=1 COL=45 WIDTH=1 MD1=9 MD2=NONE BRUL=MD1 *
NAME=MITGLIEDSCHAFT DECK=1 COL=46 WIDTH=1 MD1=9 BRUL=MD1 *
NAME=PARTEIPRAEFERENZ DECK=1 COL=(47,48) WIDTH=2 MD1=99 BRUL=MD1 *
NAME=ALTER DECK=1 COL=(49,50) WIDTH=2 MD1=99 BRUL=MD1 *
NAME=EINKOMMEN DECK=1 COL=51 WIDTH=1 MD1=11 BRUL=MD1 *
NAME=ANSAESSIGKEIT DECK=1 COL=52 WIDTH=1 MD1=9 BRUL=MD1 *
NAME=RELIGION DECK=1 COL=53 WIDTH=1 MD1=9 BRUL=MD1 *
NAME=SCHULBILDUNG DECK=1 COL=54 WIDTH=1 MD1=9 BRUL=MD1 *
NAME=FAMILIENSTAND DECK=1 COL=55 WIDTH=1 MD1=9 BRUL=MD1 *
NAME=SEX DECK=1 COL=56 WIDTH=1 MD1=9 BRUL=MD1 *
NAME=SCHICHT DECK=1 COL=57 WIDTH=1 MD1=4 BRUL=MD1 *
NAME=ORTSGROESSE DECK=1 COL=60 WIDTH=1 MD1=0 BRUL=MD1 *
NAME=LAND DECK=1 COL=61 WIDTH=1 MD1=12 BRUL=MD1 *
NAME=BERUF COL=62 WIDTH=1 MD1=13 AMPS=12 DASHES=11 BRUL=MD1 *
NAME='BERF FAMVORST' COL=63 WIDTH=1 MD1=13 AMPS=12 DASHES=11 BRUL=MD1 *
END*
```

Abbildung 10 wird von diesen Möglichkeiten nur in geringem Umfang Gebrauch gemacht. In der Parameterkarte wäre außer den Anweisungen DATA=CARD (Datenkarten folgen auf das OSIRIS-Programm) und PRINT=BADS (alle Fälle, in denen Leerspalten und Überlöcher, d.h. X und Y Lochungen vorkommen, und nach den spezifizierten Regeln umcodiert werden) nur die Angabe NVOUT=23 (Zahl der ausgegebenen Variablen) erforderlich gewesen. Da VSTART (Nummer der ersten Variablen), DECKS=n, LRECL=m, MAXERR=z, und MAXBLOCKSIZE=y nicht spezifiziert sind, gelten die entsprechenden Standardwerte: die erste Variable erhält die Nummer 1, es gibt eine Kartenart pro Einheit und 80 Bytes pro logischen Satz, höchstzulässige Fehlerzahl ist 10 und die maximale physikalische Satzlänge (BLOCKSIZE) der Systemdatei ist 3520 Bytes.

Bei den Variablen wurde dagegen auf die Numerierung der Variablen durch V=i verzichtet; so weist das System den Variablen, die durchweg Namen (d.h. hier Etiketten : die Variablen können später nicht mit ihren Namen, sondern nur mit ihren Nummern aufgerufen werden) erhalten, Nummern von 1 bis 23 zu. Wenn die Namen aus mehreren, durch Leerspalte getrennten Worten bestehen, wird der Name in Apostrophe eingeschlossen. Die Angabe DECK=1 ist überflüssig, da gleich der default option; ebenso die Angabe WIDTH, da die Breite des Eingabefelds vom System aus der Spaltenangabe (COL) errechnet werden kann. Mit den keywords AMPS=, DASHES=, BRUL= werden Regeln für die Umcodierung der Überlöcher Y (Ampersands: das EBCDIC-Zeichen für die 12'er Lochung ist &), X (dash: das EBCDIC-Zeichen für die 11'er Lochung ist -) und Leerspalten (blank field recode rule) angegeben. Da keine Angabe für DP (decimal point) gemacht wird, werden alle Felder als ganzzahlig (ohne Stellen hinter dem Komma) betrachtet. Durch Standardwerte werden ebenfalls alle Variablen für numerisch erklärt. Da die Angabe RESPONSES=n fehlt, wird angenommen, daß nur ein Wert pro Variable vorhanden ist.
Die Spezifikation der Variablen wird mit der END+Karte

abgeschlossen.

Als Ergebnis dieses Filebuild-Programms entsteht ein OSIRIS-File, der aus der Beschreibung der Datei in einem Dictionary, das alle durch explizite Nennung oder default options bestimmten Angaben über die Variablen enthält, und einer Datei besteht, die den Angaben dieses Dictionary entspricht. Dieser OSIRIS-File kann für Transformationen und Analysen der Daten als Eingabedatei verwandt werden. Analyse und Transformationen der Daten müssen durch Aufruf entsprechender Unterprogramme des OSIRIS-Systems erfolgen.

3.2.3 Dateidefinition mit SPSS

Minimalerfordernisse für die Dateidefinition mit SPSS sind die Kontrollkarten VARIABLE LIST, INPUT FORMAT, ≠ OF CASES und INPUT MEDIUM. Durch die Karte VARIABLE LIST werden den einzelnen Variablen Namen gegeben, die der Benutzer entweder selbst bestimmen oder vom System generieren lassen kann, wenn eine Numerierung des Typs VAR001 TO VAR468 für seine Zwecke ausreichend ist. INPUT FORMAT definiert, FORTRAN-Konventionen entsprechend, an welcher Stelle des durch INPUT MEDIUM definierten Datenträgers diese Variablen aufzufinden sind (siehe Tabelle). Die mit ≠ OF CASES angegebene Fallzahl muß, wenn die Daten als Lochkarten mit dem Programm eingelesen werden, genau zutreffen. Werden Rohdaten von einem Band gelesen, kann die Fallzahl auch geschätzt werden, indem vor der Zahl der Fälle das Wort ESTIMATED angegeben wird. In solchem Fall sollte der Benutzer vorsichtshalber zu hoch schätzen; in diesem Fall wird der Einleseprozeß bei Auftreten der Bandmarke (END OF FILE) auf dem Datenträger abgeschlossen. Wird die tatsächliche Fallzahl unterschätzt, endet der Einleseprozeß beim Erreichen der geschätzten Zahl.

Ist eine Datei mit relativ wenig Variablen nur einmal auszuwerten, mag sich der Benutzer mit dieser minimalen Datendefinition begnügen und sofort anschließend eine Analyse-

Abb. 11 Beispiel eines SPSS-Programms

```
RUN NAME        SALIENZ INTERMEDIAERER INSTANZEN IM ZEITVERGLEICH
FILE NAME       DTNPL  DATENPOOL 1968 - 1969 DIVO REPRAESENTATIV
VARIABLE LIST   PARTEI,DGB,KIRCHGH,KONFESS,HV,BERUF,ARBEITER,BERUFHV,ARBHV,GESCHL
# OF CASES      4000
INPUT MEDIUM    TAPE
INPUT FORMAT    FIXED (46X,F2.0,26X,F1.0,7X,2F1.0,25X,F1.0,3X,F2.0,2X,F1.0,F2.0,
                2X,F1.0,6X,F1.0)
MISSING VALUES  PARTEI(10)/KIRCHGH (0,7)/BERUF(0,23)
VAR LABELS      DGB MITGLIED IN DGB GEWERKSCHAFT/KONFESS KONFESSION/ KIRCHGH KIRC
                HGANGSHAUEFIGKEIT /
                             PARTEI PARTEIPRAEFERENZ/GESCHL GESCHELCHT DES
                BEFRAGTEN
VALUE LABELS    KONFESS (1) KATH (2) NICHTKATH /
                BERUF,BERUFHV
                       (1) FREIE BERUFE (2) GROSSE SELBST. (3) MITTL. SELBST.
                (4) KLEIN. SELBST. (5) LEIT. BEAMTE (6) SONST. BEAMTE (7) LEIT.
                ANGEST. (8) SONST. ANGEST. (9) FACHARBEITER (10) ARBEITER
                (11) LANDW. ARBEITER (12) GROSSE LANDW. (13) MITTL. LANDW.
                (14) KLEINE LANDW. (15) HAUSFRAUEN (16) IN AUSBILDUNG (17)
                ARBEITSLOS (18) RENTNER, PENS./
PRINT FORMATS   PARTEI TO GESCHL (0)
COMMENT         DA ALLE VARIABLEN GANZZAHLIG SIND, WERDEN MIT DIESER
                PRINT FORMATS ANWEISUNG DIE NULLEN HINTER DEM DEZIMALPUNKT
                UNTERDRUECKT
RECODE          KONFESS (2 THRU HIGHEST =2)/ARBEITER,ARBHV (1 THRU HIGHEST=1)
FASTABS         VARIABLES= PARTEI (1,10)/ KONFESS (1,2)/DGB (0,1)/KIRCHGH (1,6)/
                GESCHL,HV (1,2)/BERUF,BERUFHV (1,18)/ARBEITER,ARBHV (0,1)/
                TABLES= PARTEI BY KONFESS / PARTEI BY KIRCHGH BY KONFESS/
                PARTEI BY DGB BY BERUF    TO ARBHV / PARTEI BY BERUF    TO ARBHV
                BY KONFESS/ PARTEI BY GESCHL TO HV BY KONFESS
                BY BERUF    TO ARBHV
COMMENT         FASTABS BRAUCHT WESENTLICH WENIGER RECHENZEIT ALS CROSSTABS
OPTIONS         3,5
STATISTICS      ALL
READ INPUT DATA
MARGINALS       ALL
FINISH
```

prozedur aufrufen wie etwa MARGINALS. Sofort nach der ersten Analyseprozedur (einschließlich eventuell zugehöriger OPTIONS und STATISTICS-Karte) muß der Einlesebefehl READ INPUT DATA folgen. Das Aufrufen mehrerer Analyseprozeduren vor dem Einlesebefehl führt zum Programmabbruch. Nach dem Einlesebefehl, auf den gegebenenfalls die Datenkarten (bei INPUT MEDIUM CARD) folgen, können weitere Analyseprozeduren aufgerufen werden. Das Programm wird mit einer FINISH-Karte abgeschlossen, auf die eine installationsspezifische Karte folgt, die das Ende des Jobs markiert.

Wird eine Datei häufiger verwandt und ist die Variablenzahl zu groß, als daß ihre Nummer noch eine erinnerliche Bedeutung hätte, empfiehlt es sich, bei der Dateidefinition von den Etikettierungsmöglichkeiten Gebrauch zu machen. Mit Hilfe der VAR LABELS-Karte können einzelnen oder allen Variablen Etiketten zugewiesen werden, die in jedem späteren Ausdruck mit dieser Variable verbunden werden und so den Ausdruck unmittelbar verständlich machen. Den Werten dieser Variablen können VALUE LABELS zugewiesen werden; dies ist besonders für Tabellenanalysen sinnvoll (falls nur Korrelationen, Regressionen etc. berechnet werden, wäre natürlich die Etikettierung der Werte Verschwendung von Arbeitskraft). Mit Hilfe der RUN NAME-Karte, die normalerweise die erste Karte des SPSS-Programms ist, kann auf allen Seiten des Ausdrucks ein bestimmter Titel gedruckt werden. Wird ein Systemfile gebildet (mit Hilfe der Anweisung SAVE FILE vor der FINISH-Karte), so muß der Datei mit FILE NAME ein Name gegeben werden, der auch mit einem längeren Etikett versehen werden kann. Name und Etikett der Datei tauchen dann auf allen Ausdrucken von Analysen, die mit dieser Datei unternommen werden, auf; andernfalls weist das System NONAME als Namensersatz zu.

3.3 Spezifikation fehlender Werte

Im Zusammenhang mit den Vercodungsregeln (2.5) wurde das Problem fehlender Werte bereits behandelt. Wenn bei der Frage nach dem Monatseinkommen in DM, das explizit abgelocht wurde, diejenigen Befragten, die die Antwort verweigerten, die Zahl 9999 als Code erhielten, muß bei der Dateidefinition sichergestellt sein, daß das System "weiß", 9999 sei ein missing data code und keine legitime Antwort. Wenn die Zahl der Verweigerer nämlich beträchtlich wäre und 9999 wie eine gültige Antwort behandelt würde, wären alle Analysen, die etwa durch Mittelwertsberechnung das Durchschnittseinkommen der gesamten oder einer Teilpopulation bestimmen wollten, sinnlos.

Die Spezifikation von fehlenden Werten geschieht bei SPSS und OSIRIS explizit durch Definition bestimmter Werte als missing values. DATA-TEXT kennt diesen Typ von Definition nicht. DATA-TEXT erwartet, daß alle numerischen Werte einer Variablen gültige Codes enthalten; fehlende Werte (missing values) müssen durch Leerspalten (BLANK) signalisiert werden; sie werden bei Analyseprozeduren und Variablentransformationen erkannt und gehen nicht in die Berechnung ein. Sind die Daten nicht ursprünglich so organisiert, muß der Benutzer von den reichhaltigen Datentransformationsmöglichkeiten von DATA-TEXT Gebrauch machen und mit Hilfe z.B. der Anweisung RECODE die Codes für fehlende Werte zu BLANKs machen.

SPSS erlaubt dem Benutzer, bis zu drei Werte pro Variable zu fehlenden Werten zu erklären. Die Anweisung hat die Form MISSING VALUES VARaaa TO VARbbb (k1,k2,k3)/VARccc (k4,k5) und gehört zum Datendefinitionsteil des Programms. Sobald eine der Variablen VARaaa bis VARbbb in einer Analyseprozedur auftaucht und für einen bestimmten Fall einen der durch diese Karte als fehlend definierten Werte k1,k2 oder k3 aufweist, wird dieser Fall gemäß der auf der OPTIONS-Karte dieser Analyseprozedur spezifizierten (oder durch Weglassen per default option gegebenen) Anweisung behandelt:

durch die OPTIONS-Karte wird es möglich, für jede einzelne Analyse anzugeben, ob Fälle, die einen der mit der MISSING VALUES Anweisung als fehlend definierten Werte aufweisen, trotzdem wie Fälle mit gültigen Werten behandelt werden sollen, ob sie ganz oder teilweise aus den Berechnungen ausgelassen werden sollen usw. Einzelheiten dieser Behandlung sind im Handbuch bei der Diskussion der OPTIONS-Karte des jeweiligen Analyseverfahrens genannt. Bei der Datentransformation erkennt SPSS fehlende Werte jedoch nicht. Wird etwa mit einer COMPUTE-Anweisung durch Addition mehrerer Variablen ein Index gebildet, so addiert SPSS als fehlend definierte Werte dabei ebenso wie gültige Zahlenwerte. Der Benutzer, der dies vermeiden möchte, muß z.B. durch weitere Anweisungen z.B. logischer Art (Abfrage aller in einen Index eingehenden Variablen auf fehlende Werte: wenn ein fehlender Wert auftritt, setze Index gleich z; z wird als MISSING VALUE des Index definiert) selbst Regeln für die Behandlung fehlender Werte bei der Datentransformation vorgeben.

Das Filebuild-Programm von OSIRIS erlaubt dem Benutzer die Spezifikation von zwei Codes als fehlend. Bei der Variablendefinition werden sie durch Gleichsetzung MD1=j und MD2=k bestimmt; diese <u>m</u>issing <u>d</u>ata codes gelten als default options auch für alle folgenden Variablen, wenn nicht neue Werte spezifiziert werden.

Durch die Anweisung MD1 wird nur der eine,angegebene Wert als fehlend bestimmt; die Angabe MD2 erklärt den spezifizierten <u>und alle höheren Werte</u> für fehlend. Die Anweisung MD1=2 MD2=11 würde also die Werte 2 und 11 sowie alle höheren Werte als 11 für fehlend erklären.

So spezifizierte fehlende Werte werden von den Analyseprogrammen von OSIRIS so behandelt, wie der Benutzer innerhalb der ihm gegebenen Wahlmöglichkeiten bestimmt. Im OSIRIS-Variablentransformationsprogramm ICON wird auf fehlende

Werte Rücksicht genommen.

3.4 Datenprüfung

In Kapitel 2.7 wurden bereits einige Möglichkeiten der Datenprüfung erörtert; dabei wurde vor allem auf die Prüfung der Vollständigkeit des Kartensatzes eingegangen. Nachdem einige der Möglichkeiten der Datendefinition dargestellt sind, ist konkret zu zeigen, wie die Prüfung auf Vollständigkeit der Einheiten vorzunehmen ist.

In OSIRIS wird der Benutzer, wenn seine Datei aus mehreren Kartenarten besteht, in der Regel vor dem Aufbau des OSIRIS-File mit FBUILD mit dem Programm CHECKMERGE die Vollständigkeit aller Objekte prüfen und ggfs. herstellen und Kartendoppel entfernen. Das Ergebnis des CHECKMERGE-Laufs enthält gültige Eingabedaten für FBUILD. Wenn der Benutzer jedoch auf diese vorherige Prüfung verzichtet hat, sollte er in der Parameter-Karte von FBUILD angeben DATA=(FILE,TESTMERGE). Auf die Parameterkarte müssen "mask cards" für jede Kartenart folgen, die das Feld der laufenden Nummer kenntlich machen. In der ersten Spalte der laufenden Nummer ist I, in den übrigen Spalten der Identifikationsnummer + zu lochen. Das Identifikationsfeld darf nicht größer als 10 Spalten sein; dementsprechend ist in den "mask cards" jeweils ein I und bis zu neun +++++++++ abzulochen. Die Nummer der Kartenart (deck) ist in der Spalte abzulochen, in der die Identifikation der Kartenart in den entsprechenden Datenkarten abgelocht ist.

Wenn die Abfolge der Karten nicht korrekt ist, führt dies zum Abbruch des FBUILD-Programms. Die Vollständigkeitsprüfung ist bei DATA-TEXT mit Angabe des Felds der Identifikationsnummer auf der * CARD FORMAT oder * RECORD FORMAT Karte möglich. Dabei können die Spalten direkt bezeichnet werden nach dem Muster UNIT=COL(m-n) oder als alphanumerische

Variablen im Format-Statement eingelesen und in der folgenden Liste durch die Angabe UNIT als Identifikationsnummer kenntlich gemacht werden. Wird außerdem CARD spezifiziert (mit direkter Spaltenangabe oder Fortran-ähnlichem Format-Statement), erfolgt zusätzlich die Prüfung der Nummer der Kartenart. Sollen fehlende Kartenarten durch Blanks aufgefüllt werden (z.B. bei Panels, wo nicht alle befragten der ersten Welle auch in der zweiten Welle erreicht wurden), so ist auf der Formatanweisung der Kartenart, auf die folgend fehlende Kartenarten aufgefüllt werden sollen, SHORT anzugeben. Das Auffüllen beliebiger Kartenarten ist möglich mit der SELECT Option auf der *READ Anweisung. Hier ist die Spalte anzugeben, in der die Identifikation der Kartenart abgelocht ist. Die folgenden Formatanweisungen müssen die Signalwerte (SEL) der einzelnen Kartenarten enthalten. Mit der SELECT Option ist es auch möglich, Einheiten zu lesen, deren Kartenarten innerhalb der Einheit nicht in richtiger Reihenfolge vorhanden sind, und Einheiten zu verarbeiten, bei denen "dieselben" Kartenarten tatsächlich mit verschiedenen Formaten gelesen werden müssen. Die Möglichkeiten der Vollständigkeitskontrolle und Vervollständigung von Dateien mit DATA-TEXT sind besonders vielfältig. Der Benutzer hat dabei weitgehend die Kontrolle über den Prüfungsprozeß.

Die Möglichkeiten der Vollständigkeitsprüfung der Daten mit SPSS sind minimal. Der Benutzer kann nur mit Hilfe von Datentransformationsanweisungen die laufende Nummer, die jeweils als eigene Variable zu definieren ist, in verschiedenen Kartenartidentifikationen mit einer Konstante vergleichen und die Randverteilung dieser neuen Variablen feststellen. Sämtliche Fälle sollten für alle Kartenarten die gleiche laufende Nummer aufweisen, und alle Kartenart-Konstanten sollten in den Daten richtig enthalten sein. Mit SELECT IF Anweisungen können beanstandete Einheiten ausgedruckt oder entfernt werden.

Wenn die Vollständigkeit der Datei festgestellt ist, sind die Werte der Variablen auf Richtigkeit zu prüfen. Sowohl Vercoden wie Ablochen der Daten stellen Fehlerquellen dar; es gibt wohl keine größere Datei, die ohne Bereinigung wirklich frei von Fehllochungen ist. Fehllochungen können unterschieden werden in ungültige Zeichen, illegitime Lochpositionen ("wilde Löcher") außerhalb des legitimen Lochbereichs und Fehllochungen innerhalb des legitimen Lochbereichs. Unzulässige Mehrfachlochungen in Dateien, die normal in den Computer eingelesen wurden, fallen dann sofort auf, wenn die resultierende Lochkombination nicht einer der EBCDIC-Kombinationen entspricht; die Gültigkeitsprüfung des Kartenlesers sondert die entsprechenden Karten aus. Entsprechen unzulässige Mehrfachlochungen dagegen zufällig einem EBCDIC-Zeichen, treten Fehler bei der Verarbeitung auf, wenn laut Dateidefinition nur numerische Codes erwartet wurden.

Jedes Auftreten eines solchen nicht-numerischen Codes in Feldern, die numerisch sein müssen, führt in DATA-TEXT und OSIRIS zu einem Fehler; die beanstandete Karte wird ausgedruckt. Nach Erreichen einer vom Benutzer angegebenen Maximalzahl zulässiger Fehler erfolgt Abbruch des Programms. SPSS gibt dem Benutzer keine Kontrolle über die Abbruchbedingung (siehe Kapitel 8.2).

Numerische Lochungen außerhalb des legitimen Lochbereichs können mit DATA-TEXT oder OSIRIS auf einfache Weise identifiziert werden. Voraussetzung ist bei DATA-TEXT, daß die Variablen entweder kategorisiert (und mit Etiketten versehen) sind, oder der Bereich legitimer Lochungen (RANGE) in der Variablendefinition bestimmt wurde. Bei dem ersten Lauf des DATA-TEXT-Programms, in dem z.B. auch die Randverteilung mit *COMPUTE FREQUENCIES bestimmt wird, ist vor der Definition, sofort nach der ersten *READ Anweisung, *CHECK ON zu spezifizieren. Sobald in einer Einheit für eine Variable ein Wert außerhalb des definierten Lochbereichs auftritt, wird die gesamte Einheit vom System automatisch angedruckt.

Das OSIRIS-Programm WCC (Wild Code Check) leistet vergleichbares. Es kann alle vorkommenden Codes mit denen des maschinenlesbaren Codebuchs vergleichen, oder die Codes mit spezifizierten gültigen Codes bestimmter Variablen vergleichen, oder die Daten mit einer Kombination von Codebuch und zusätzlichen Benutzerangaben vergleichen. Der Benutzer kann bis zu 20 Variablen spezifizieren, die im Fall eines Fehlers angedruckt werden sollen (üblicherweise die Identifikationsnummer des Falls und ähnliche Variablen).

SPSS bietet keine automatischen Möglichkeiten der Kontrolle wilder Löcher. Der Benutzer kann jedoch mit Hilfe logischer Abfragen (siehe das folgende Kapitel 3.6) und der Anweisung WRITE CASES (als Ausgabemedium ist der Drucker zu bestimmen) erreichen, daß, wenn bestimmte Variablen Werte außerhalb des legitimen Lochbereichs aufweisen, bestimmte Variablen vom System angedruckt werden.

Auch Lochungen innerhalb des legitimen Lochbereichs können Vercodungs- oder Ablochfehler sein. Eine Prüfung der Richtigkeit dieser Codes ist jedoch nur durch Vergleich der abgelochten Angaben mit den Originalunterlagen möglich. Da eine solche Prüfung sehr aufwendig ist (sie verlangt mindestens genausoviel Zeit wie die Vercodung), wird sie in der Praxis meistens nur für eine Stichprobe der Variablen und Fälle durchgeführt. Mit Hilfe der von allen Systemen gebotenen Möglichkeit, Stichproben zu ziehen, kann eine Zufallsauswahl der Einheiten bestimmt und mit allen oder einem Teil der Variablen ausgedruckt werden, die dann mit dem Originalmaterial (z.B. Fragebogen) verglichen werden können. Hierzu finden das OSIRIS-Programm DSLIST oder WRTCNT, die DATA-TEXT-Anweisung *PRINT CARD IF oder die SPSS-Anweisung WRITE CASES Verwendung. Wenn hierbei systematische Fehler entdeckt werden, muß über die gezogene Teilstichprobe hinaus identifiziert werden, wo derselbe Fehler ferner auftritt. So ist es zweckmäßig, eine Kennzeichnung des Vercoders als Variable zu definieren und ggfs. mit auszugeben. Wenn sich eine Häufung von Fehlern bei bestimmten Vercodern zeigt, die darauf hindeutet, daß diese besonders schlampig arbeiteten oder die Vercodungsanweisungen systematisch mißverstanden haben, müssen alle Fälle, die von diesen Vercodern bearbeitet wurden, geprüft werden.

Wenn eine systematische Fehlerhäufung nicht erkennbar wird und die Zahl der Fehler, die bei der stichprobenartigen Kontrolle entdeckt wurden, sehr klein ist, begnügt man sich in der Praxis häufig mit dieser relativ beruhigenden Feststellung. Selbstverständlich wäre eine vollständige Kontrolle und Korrektur aller Daten vorzuziehen; aber aus Zeit- und Kostengründen erweist sich dies in der Praxis oft als nicht durchführbar.

3.5 Datenkorrektur

Wenn der Umfang der Datei überschaubar ist, macht die Korrektur des Originalkartensatzes in Handarbeit für die meisten Benutzer am wenigsten Arbeit. Namentlich dann, wenn Benutzer nicht mit den Möglichkeiten des Datenmanagements mit Computern vertraut sind, ist es das einfachste, die Karten mit Fehllochungen herauszusuchen und durch korrigierte Datenkarten zu ersetzen.

Wenn in allen fehlerhaften Karten nur jeweils sehr wenige einzelne Fehler auftauchen, ist zu empfehlen, die Möglichkeiten der Systeme zur Korrektur zu benutzen. Am einfachsten ist dies möglich mit dem OSIRIS-Programm TCOR. Hier kann der Benutzer die laufende Nummer des zu korrigierenden Falls und die Nummer der Variablen angeben, deren Werte verbessert werden sollen. Für jeden zu korrigierenden Fall ist eine Karte zu erstellen, die etwa so aussieht:
ID=0952, V67=3, V93=8, V163=87.3*

Bei SPSS kann der Benutzer z.B. die Nummer des zu korrigierenden Falls als logische Vergleichsbedingung in einer Transformationsanweisung spezifizieren und vorhandene Variablen in diesem Fall Konstanten gleichsetzen:

```
IF          (LFDNR EQ 783) VAR067 = 3
```

Die Möglichkeiten der Transformation nach logischen Kriterien werden im folgenden Kapitel ausführlicher behandelt. DATA-TEXT erlaubt die Veränderung vorhandener Variablen mit logischen Ausdrücken dieser Art nicht; der Benutzer müßte hier eine neue Variable bilden mit einer Anweisung des Typs:

```
*NEUVAR = 3 IF UNIT EQ 783
*OR     = ALTVAR
```

Die alte Variable kann dann aus der Systemdatei entfernt werden.

Ist die Datei groß und die Fehlerzahl pro falsche Einheit erheblich (z.B. eine ganze Serie von Codes ist um eine oder mehrere Spalten verschoben), so ist es zweckmäßig, die fehlerhaften Einheiten aus der Systemdatei auszusondern und die korrigierten Karten nachträglich in die Systemdatei einzufügen.

DATA-TEXT gibt hierfür sehr leicht benutzbare Möglichkeiten. Mit den gleichen Datendefinitionskarten wird aus den korrigierten Lochkarten ein weiterer, gleichartiger DATA-TEXT-File gemacht. Angenommen, beide DATA-TEXT-Files befänden sich auf Magnetplatten, würde mit den Anweisungen

```
*READ MASTER DATATEXT DISC 3, SEQUENCE
*READ UPDATE DATATEXT DISC 4
```

dafür gesorgt, daß die falschen Einheiten durch die korrigierten Einheiten ersetzt werden (die laufende Nummer, die die UNIT identifiziert, muß natürlich identisch sein).

OSIRIS hat für den gleichen Zweck das Programm UDAT (File Updating).

Aus den korrigierten Karten muß zunächst ein OSIRIS-File gemacht werden, der als ADD FILE hinzugelesen wird; die entsprechenden fehlerhaften Einheiten sind durch die Angabe DELETE mit entsprechender Spezifikation zu entfernen. Da die Dateistruktur für denjenigen, der mit den Möglichkeiten des OS und der JCL (siehe Kapitel 7 zur Einführung) vertraut ist, verständlich und korrigierbar ist (z.B. Sortierung nur des OSIRIS-Datenbestandes ohne neues FBUILD usw.), sind den Modifikationsmöglichkeiten von OSIRIS-Files kaum Grenzen gesetzt, da über die in OSIRIS enthaltenen Programme hinaus Dienstprogramme von IBM benutzt werden können.

Die entsprechende Modifikation von SPSS-Systemdateien ist umständlicher. Fehlerhafte Einheiten können mit der SELECT IF Karte ausgesondert werden. Durch anschließendes SAVE FILE werden nur die Einheiten in der Systemdatei belassen, die den spezifizierten Kriterien genügten (als logische Bedingung könnten laufende Nummern falscher Einheiten angegeben und verknüpft werden, so z.B. LFDNR NE 783 OR LFDNR NE 895 OR LFDNR NE 1002). Anschließend können die korrigierten Lochkarten als zusätzlicher Subfile mit dem ADD SUBFILES Befehl der Datei als neuer Subfile hinzugefügt werden; diese Lösung ist jedoch dann nur bedingt zu empfehlen, wenn die Datei bereits eine sinnvolle und für Analysen erforderliche Subfile-Struktur hat.

3.6 Datentransformation

Wenn gründliche Datenanalysen unter Verwendung verschiedenartiger Analyseverfahren beabsichtigt sind, ist es erforderlich, bestimmte Variablen zu transformieren. Während z.B. die tabellarische Analyse wenige Ausprägungen von Variablen verlangt, ist es für manche multivariaten Analyseverfahren erforderlich, daß kontinuierliche Variablen nicht zu Klassen zusammengefaßt sind. Wenn beide Formen erforderlich sind, ist zu empfehlen, Variablen wie z.B. Alter oder Einkommen explizit abzulochen und für tabellarische Analysen zu wenigen diskreten Klassen zusammenzufassen; wäre die Zusammenfassung bereits bei der Vercodung oder beim Interview geschehen, wären von vornherein die Analysemöglichkeiten beschränkt.

Oft wollen Forscher mehrere Variablen (wie etwa einzelne Items) zu einer Skala zusammenfassen. Oder zum Zweck einer Regressionsanalyse sollen nominale Variablen gemacht werden. Für bestimmte Analyseverfahren ist die Potenzierung von Variablen nützlich, um nicht-lineare Beziehungen ermitteln zu können. Für die Analyse von Skalen ist es oft zweckmäßig, "response set" wie z.B. mechanische Ankreuztendenzen bestimmter Befragter zu kontrollieren, indem eine neue Variable gebildet wird, die die Zahl formal gleicher Antworten (z.B. grundsätzlich JA zu antworten) darstellt. Es gibt eine Vielfalt von Situationen, in denen der Forscher die Transformation von Variablen für angebracht hält. In allen Analyseverfahren werden Möglichkeiten auch zu sehr komplexen Transformationen der Daten geboten, die zum Teil vom Benutzer sehr einfach gehandhabt werden können.

Die Transformationsarten können eingeteilt werden in
a) Umcodierungen einzelner Variabler (etwa: Zusammenfassung kontinuierlicher Variablen zu wenigen diskreten Werten, Zusammenfassung von Werten oder Vertauschen bestimmter einzelner Werte)
b) arithmetische Operationen (Addition, Subtraktion, Multiplikation usw. von mehreren Variablen ggfs. unter Verwendung von Konstanten)
c) logische Operationen

Die Transformationsmöglichkeiten von DATA-TEXT und SPSS sind sich formal recht ähnlich; die Transformationsmöglichkeiten in DATA-TEXT sind allerdings wesentlich umfangreicher und einfacher handhabbar als in SPSS. OSIRIS bietet in seinem

Unterprogramm ICON eine Vielzahl von Transformationsmöglichkeiten an, die aber vom Benutzer einen wesentlich anderen Aufbau seiner Angaben verlangen.

SPSS bietet drei Kontrollkarten, mit denen Daten transformiert werden können: RECODE für Umcodierung, COMPUTE für arithmetische Operationen und IF für logische Operationen. Ein Beispiel für Recode-Anweisungen in SPSS könnte so aussehen:

```
RECODE      ALTER (LOWEST THRU 24 = 1) (25 THRU 39 = 2)
            (40 THRU 59 = 3) (60 THRU HIGHEST = 4)/EINKOMMN
            (LOWEST THRU 500 = 1) (501 THRU 750 = 2)
            (751 THRU 1000 = 3) (1000 THRU 1500 = 4)
            (1500 THRU HIGHEST = 5)
```

(Es wird angenommen, daß ALTER und EINKOMMEN explizit abgelocht sind).

Mit COMPUTE-Anweisungen können durch arithmetische Ausdrücke neue Variablen geschaffen werden. Zulässige arithmetische Operationen sind neben den üblichen (Division, Multiplikation, Addition, Subtraktion, Potenzieren) u. a. folgende Funktionen: Quadratwurzel, Logarithmus, Logarithmus naturalis, Rundung zu ganzzahligen Werten, Sinus, Cosinus.

Ein Beispiel für einfache Addition von Variablen - aus mehreren Items wird eine Skala gebildet - könnte so aussehen:

```
COMPUTE     DEMOSKAL=VAR001 + VAR002 + VAR003 + VAR004 + VAR
            005 + VAR006 + VAR007 + VAR008 + VAR009 + VAR010
            + VAR011 + VAR012 + VAR013 + VAR014 + VAR015 +
            VAR016 + VAR017 + VAR018 + VAR019 + VAR020.
```

Die IF Karte erlaubt die gleichen Arten von Transformationen wie die COMPUTE Anweisung. Im Unterschied zu ihr können diese Transformationen aber vom Vorliegen bestimmter Bedingungen abhängig gemacht werden. Die Relationen $\neq$, $\leq$, $<$, $=$, $>$ und $\geq$ können verwandt werden. Diese Relationen können mit AND oder OR-Bedingungen verknüpft werden; durch Spezifikation von NOT kann das Ergebnis des Ausdrucks (Wahr oder Falsch) umgekehrt werden.

Illustrationen für die Verwendung von RECODE, COMPUTE und IF-Anweisungen werden im SPSS-Handbuch (Kapitel 8) gegeben. Der Benutzer von SPSS sollte, wenn er die Transformationsmöglichkeiten wahrnimmt, beachten, daß die Erklärung von bestimmten Werten zu MISSING VALUES für die Transformationsanweisungen nicht berücksichtigt wird; SPSS addiert z.B. gültige und fehlende Werte unterschiedslos. Es ist Sache des Benutzers, im Fall fehlender Werte durch entsprechende zusätzliche Anweisungen sicherzustellen, daß er keine unerwünschten Resultate erhält.

DATA-TEXT bietet dieselben Funktionen wie SPSS. Die Form der Anweisungen ist jedoch anders, wie das Beispiel für Umcodierungen zeigt:

```
*ALTERSK    = ORDER ALTER = ALTERSGRUPPE (UNDER 25 = 18-24/
              25-39 = 25 BIS 39/40-59 = 40 BIS 59/OVER 59
              = 60 UND AELTER)
*EINKGRUP   = RECODE (A) EINKOMMEN = EINKOMMENSGRUPPE (UNTER
              500 DM/500 BIS 750 DM/751 BIS 1000 DM/1000 BIS
              1500 DM/UEBER 1500 DM)
*CODE (A)   = (UNDER 500 = 1/501 - 750 = 2/751 - 1000 = 3/
              1000 - 1500 = 4/OVER 1500 = 5)
```

Mit Hilfe der ORDER-Anweisung können gleiche Ergebnisse wie mit der RECODE-Anweisung erzielt werden; die Zuordnung zu Etiketten ist hierbei jedoch wesentlich einfacher. Mit COMBINE können Variablen mit mehreren Werten umcodiert werden.

Die häufig vorkommenden arithmetischen Operationen sind

bei DATA-TEXT wesentlich vereinfacht: mit den Anweisungen SUM, MEAN, SD, MAX, MIN, RANGE können Summen, Mittelwerte, Standardabweichungen, Maximum, Minimum und (Maximum - Minimum) von Variablenlisten bestimmt werden. Dadurch ist die Bildung einer Skala wesentlich einfacher als in SPSS, wie das Beispiel der Demokratieskala zeigt:

```
*DEMOSKAL = SUM DEMOITEM (1-20) = DEMOKRATIESKALA
```

addiert alle Werte der zugehörigen Items 1-20 auf, soweit sie nicht BLANK sind. Fehlende Werte werden berücksichtigt. Mit der Anweisung MEAN werden also nur diejenigen Variablen aufsummiert, deren Werte nicht BLANK sind, und durch die Zahl derjenigen Variablen der Liste dividiert, die gültige Werte (nicht BLANK) aufweisen.

Mit der Funktion COUNT kann die Häufigkeit der Nennung bestimmter Codes in einer Variablenliste ermittelt werden. Weitere Funktionen können auf die Verteilung Bezug nehmen; die Funktion ZSCORE z.B. standardisiert Variablen. Weitere dieser Transformationsmöglichkeiten, die für Mehrebenenanalysen außerordentlich nützlich sind, werden im folgenden Kapitel 6.5 diskutiert. Selbstverständlich gibt es auch die üblichen, "konventionellen" arithmetischen Operationen. Die logischen Operationen und die Möglichkeiten ihrer Verknüpfung entsprechen weitgehend denen von SPSS, auch wenn die Form der Anweisungen unterschiedlich ist.

Wichtigste Differenz ist, daß SPSS jede IF-Anweisung gesondert behandelt, während DATA-TEXT mehrere IF-Anweisungen als Teil einer Variablendefinition zuläßt und ggfs. erwartet.

DATA-TEXT erlaubt auch, Variablen mit mehreren Werten (multivalued variables) in logischen Ausdrücken zu berücksichtigen; solche Variablen können auch zu numerischen Variablen transformiert werden, ebenso wie umgekehrt mehrere numerische Variablen zu einer Variablen mit mehreren Werten zusammengefaßt werden können. Die Transformationsanweisungen von DATA-TEXT und SPSS sind unmittelbar verständlich, da in einer Anweisung jede Operation vollständig definiert ist. In dem OSIRIS-Programm ICON (Abkürzung für Index Construction) wird anders vorgegangen: die Operationen beziehen sich meistens auf bestimmte Tabellen, in denen die genauen Anweisungen der Transformation enthalten sind. Der Aufbau des Programms ist in gewisser Weise einer problemorientierten Programmiersprache ähnlich; mit GO TO Befehlen kann die Ausführung einer Serie von Anweisungen vom Vorliegen bestimmter Bedingungen abhängig gemacht werden.

Die RECODE-Anweisung von ICON ist außerordentlich flexibel, da sie nicht nur einzelne Variablen umcodieren kann, sondern auch die Verknüpfung mehrerer Variablen zu einer neuen erlaubt. Die Anweisung EXTRACT gibt Zugriff zu allen Stellen einer Variablen (z.B. nur letzte Stelle vor dem Komma). Die Anweisung WHEN kann sowohl logische Bedingungen setzen als auch auf einfache Weise Dummy-Variablen (0 oder 1) herstellen. Mit der ALPHA-Recode-Anweisung können nicht-numerische Variablen zu numerischen Variablen gemacht werden. Mit der Anweisung COMPUTE können arithmetische Ausdrücke aller Art gebildet werden. Die Funktionen SUM und MEAN vereinfachen die Skalenbildung; Variablenlisten sind zulässig. Mit der COUNT-Funktion kann die Häufigkeit des Vorkommens bestimmter Codes in angegebenen Variablen ermittelt und zu einer neuen Variablen gemacht werden.

Durch die Möglichkeit von Programmsprüngen und die Setzung von Bedingungen durch die Tabellen, die die Regeln der Umcodierung bestimmen, braucht ICON keine besonderen Anweisungen für logische Transformationen.

Bei der Verwendung von ICON ist sorgfältig auf die Einhaltung vorgeschriebener Spalten für Statement-Nummern, Anweisungen, missing data-Spezifikationen usw. zu achten. Die Verwendung von speziellen Formblättern für das Schreiben von ICON-Programmen, zugehörigen Tabellen und Intervalltabellen ist zu empfehlen.

Der Preis für die von ICON angebotenen Lösungsmöglichkeiten für sehr komplexe Probleme ist, daß das Schreiben von Datentransformationsanweisungen weniger leicht zu erlernen ist. Neben gründlicher Lektüre des Handbuchs ist deswegen zu empfehlen, vor jeder Transformation einer Datei das ICON-Programm zunächst auf formale Fehler zu prüfen und danach mit der Anweisung RUN TO n festzulegen, daß nur für die ersten Fälle einer Datei das Programm auszuführen ist. Der Benutzer kann dann prüfen, ob die von ihm angegebenen Transformationen tatsächlich das bewirkten, was er erreichen wollte. Erst wenn diese Prüfung ein zufriedenstellendes Ergebnis erbracht hat, sollte ein ICON-Programm für alle Fälle einer Datei ausgeführt werden.

4. Häufigkeitsverteilungen und Assoziationsmaße

Am Beginn einer jeden Auswertung von Daten der Sozialforschung steht die Ermittlung der Häufigkeitsverteilung der einzelnen Variablen und ihrer Merkmale. Mancher Forscher ist schon hiermit zufrieden, weil es ihm nur darum ging, von einer Stichprobe auf die Verteilung der Merkmale in der Grundgesamtheit zu schließen. Aber auch gerade dann, wenn weitergehende multivariate Analysen beabsichtigt sind, ist es erforderlich, daß zunächst der Forscher sich ein Bild davon macht, wie die einzelnen Variablen verteilt sind, wie die Besetzungszahlen einzelner Codes aussehen, ob eine Normalverteilung approximiert ist usw. Ohne Kenntnis der Eigenschaften der Verteilung der einzelnen Variablen und auch ihrer bivariaten Beziehungen ist es nicht möglich, sinnvolle multivariate Analysen durchzuführen.

In den hier erläuterten Datenanalysesystemen gibt es die erforderlichen Unterprogramme, um ein- und mehrdimensionale Häufigkeitsverteilungen darzustellen und diese Verteilungen durch entsprechende statistische Maßzahlen abgekürzt zu beschreiben.

4.1 Grundauszählung und Codebuch

Eine Grundauszählung ist der erste Schritt der Datenanalyse. Sie gibt die Besetzungszahlen der einzelnen Kategorien (Randverteilung). Wenn bei der Variablendefinition die Möglichkeiten der Etikettierung in den verschiedenen Systemen benutzt wurden, so entsteht durch Aufrufen der entsprechenden Funktionen ein Codebuch, das nicht nur die einzelnen Lochpositionen beschriftet, sondern auch die Besetzungszahl sowohl in absoluten Zahlen wie in Prozentwerten (für die einzelnen Kategorien und kumulativ) enthält. Eine Grundauszählung in dieser Form ist jedoch nur bei Variablen sinnvoll, für die es eine relativ kleine, überschaubare Zahl von Ausprägungen gibt. Für kontinuierliche Variablen mit einer Vielzahl von Ausprägungen sind statt dessen summarische Verteilungsmaße zu empfehlen.

Sobald die Daten bereinigt sind (in der Regel ist zur Datenbereinigung eine erste, vorläufige Grundauszählung erforderlich), sollte von der endgültigen Datei eine Grundauszählung erstellt werden. Das Ergebnis dieser Grundauszählung ist nicht nur wichtig für die Vorbereitung weitergehender Analysen, sondern ist auch eine wichtige Grundlage für die Beurteilung von Konsistenz und Plausibilität der Ergebnisse multivariater Analysen. DATA-TEXT liefert die entsprechenden Verteilungen mit absoluten Zahlen, Prozentwerten und kommulierten Prozentwerten auf die Anweisung Compute Frequencies und Marginals. Codebook hat den Vorzug, daß es die einzelnen Werte der Variablen, die ausgezählt werden, mit den vorher bei der Variablendefinition zugewiesenen Etiketten beschriftet. Ferner kann es Histogramme ausgeben, die die Häufigkeitsverteilung der einzelnen Variablen auch graphisch darstellen. Marginals beschriftet die Werte der einzelnen Variablen nicht; außerdem ist das Ausgabeformat von dem von Codebook verschieden. Seit Release 3 von SPSS gibt es eine Routine, die zur Berechnung der Randverteilung weniger Rechenzeit braucht: FASTMARG. Sie unterscheidet sich von Marginals dadurch, daß der Benutzer die Unter- und Obergrenze der Variablen spezifizieren muß.

OSIRIS hat zur Berechnung der Häufigkeitsverteilung wiederum ein eigenes Programm, genannt Marginals. Wenn ein vollständig dokumentiertes maschinenlesbares OSIRIS-Codebuch erstellt wurde, können mit Hilfe eines weiteren Programms Code Book Frequency Merge die erhaltenen Häufigkeiten zusammen mit dem Codebuch ausgedruckt werden.

Beispiele für die Verwendung der entsprechenden Unterprogramme von SPSS und DATA-TEXT werden in Abbildungen gegeben.

Abb. 12 Anweisungen für univariate Häufigkeitsverteilungen

```
CONDESCRIPTIVE VAR001 TO VAR020,VAR038 TO VAR062
STATISTICS     ALL
COMMENT        CONDESCRIPTIVE ERRECHNET MASSZAHLEN FUER NUMERISCHE VARIABLEN
CODEBOOK       ALL
COMMENT        MIT CODEBOOK WIRD EIN CODEBUCH ERSTELLT, DASS VARIABLEN- UND
               WERTETIKETTEN ENTHAELT
OPTIONS        4
COMMENT        MIT OPTIONS 4 WERDEN VON CODEBOOK HISTOGRAMME GELIEFERT
MARGINALS      VAR001 TO VAR100
COMMENT        MARGINALS BERECHNET DIE RANDVERTEILUNG DER VARIABLEN,DRUCKT ABER
               IM UNTERSCHIED ZU CODEBOOK U.A. KEINE WERTETIKETTEN (VALUE LABELS
STATISTICS     1,3,4,5
COMMENT        MIT DIESER STATISTICS KARTE WERDEN MITTELWERT,MEDIAN,MODUS
               UND STANDARDABWEICHUNG DER ANGEGEBENEN VARIABLEN VON MARGINALS ER
               RECHNET
MARGINALS      ALL
COMMENT        WENN DIE STATISTICS KARTE FEHLT, WERDEN KEINE MASSZAHLEN
               AUSGEGEBEN
FASTMARG       VAR001 TO VAR020 (0,9)/VAR021 TO VAR067 (1,20)
COMMENT        FASTMARG ERFORDERT DIE ANGABE VON UNTER- UND OBERGRENZE DER
               VARIABLEN. FUER DIE BERECHNUNG DER RANDVERTEILUNG MIT
               FASTAMRG IST WESENTLICH WENIGER COMPUTERZEIT ERFORDERLICH ALS
               FUER MARGINALS
```

```
** DATATEXTKARTEN MIT ** IN SPALTE 1 UND 2 SIND KOMMENTARKARTEN

*COMPUTE STATISTICS,SKEW,KURTOSIS
**WENN KEINE VARIABLENLISTE SPEZIFIZIERT WIRD,WERDEN MASSZAHLEN FUER ALLE
**VARIABLEN EINES DATATEXTFILE ERRECHNET
*STAT  (ITEM..DEMOSKAL),GROUP BY SEX,SKEW
**STAT IST EINE ZULAESSIGE ABKUERZUNG FUER COMPUTE STATISTICS. DIE ANWEISUNG
**ERZEUGT MASSZAHLEN FUER ALLE ZWISCHEN DEN VARIABLEN ITEM(1) UND DEMOSKAL
**DEFINIERTEN VARIABLEN GETRENNT NACH GESCHLECHTERN
*STAT (EINKOMMN,ALTER),WEIGHT=VAR(96),DOUBLE
**DURCH DIE ANWEISUNG WEIGHT WERDEN ALLE FAELLE GEMAESS IHREM WERT AUF DER
**GEWICHTUNGSVARIABLEN GEWICHTET. DIE ANWEISUNG DOUBLE FUEHRT ZUR BERECHNUNG
**DER  STATISTISCHEN MASSZAHLEN MIT DOUBLE PRECISION
*COMPUTE FREQUENCIES,GROUP BY PARTEIPR
**HIERMIT WIRD EINE RANDVERTEILUNG ALLER VARIABLEN, GETRENNT NACH PARTEI-
**PRAEFERENZ AUSGEFUEHRT
*COMPUTE FREQUENCIES (ITEM..DEMOSKAL),WRITE
**DIE VARIABLEN VON ITEM(1) BIS DEMOSKAL WERDEN AUSGEZAEHLT DIE RANDVERTEILUNG
**WIRD AUF EINE MAGNETPLATTE GESCHRIEBEN
```

4.2 Maßzahlen für Häufigkeitsverteilungen

Für kontinuierliche Variablen wäre eine Auszählung der Häufigkeit des Vorkommens einzelner Werte nicht besonders sinnvoll. Sie sind zweckmäßig durch summarische statistische Maßzahlen zu beschreiben, die durch die entsprechenden Unterprogramme der Datenanalysesysteme zu erhalten sind. Diese Maßzahlen sind das arithmetische Mittel, die Standardabweichung, die Streuung, die Schiefe und die Kurtosis einer Verteilung sowie Minimum und Maximum der Werte der Variablen. Hierzu wird in DATA-TEXT die Routine Compute Statistics aufgerufen. In SPSS verlangt der Benutzer das Unterprogramm condescriptive. In OSIRIS ist hierzu ebenfalls das Programm Marginals aufzurufen.

Voraussetzung zur Benutzung dieser Unterprogramme ist natürlich, daß alle Variablen, für die diese Maßzahlen berechnet werden, nur numerische Codes aufweisen, daß die Variablen Intervallskalen und kontinuierlich sind. Es gibt dabei keine eindeutig bestimmbare Grenze, wann eine Variable noch klassifikatorisch ist und ab wann sie als kontinuierlich zu betrachten ist. Dies ist eine Entscheidung, die vom Forscher zu treffen ist.

Mit Hilfe der Maßzahlen, die von den entsprechenden Programmen ausgegeben werden, kann der Benutzer sehen, ob eine Normalverteilung approximiert wird oder nicht, bzw. wie sehr die Verteilung einer Variablen von dem Ideal der Normalverteilung abweicht. Hierzu sind die Werte des 3. (Schiefe; skewness) und des 4. Moments (kurtosis) über dem Mittelwert zu verwenden.

Welche Maßzahlen ausgegeben werden sollen, kann der Benutzer von SPSS auf der STATISTICS Karte angeben, die auf die CONDESCRIPTIVE Anweisung folgt. Mit der zugehörigen OPTIONS Karte bestimmt der Benutzer, wie Fälle, die MISSING VALUES aufweisen, zu behandeln sind.

Der DATA-TEXT-Benutzer kann auf der *COMPUTE STATISTICS Anweisung SKEW und KURTOSIS spezifizieren; dann erhält er zusätzlich zu Mittelwerten, Häufigkeiten, Standardabweichungen und Varianzen der Variablen die entsprechenden Maßzahlen, für die zugleich ein Signifikanztest auf Abweichung von der Normalverteilung durchgeführt wird.

Der Benutzer von OSIRIS nennt die von ihm gewählten Optionen in der üblichen Weise durch Angabe (oder Weglassen) der entsprechenden keywords auf der Parameterkarte von MARG.

4.3 Gemeinsame Häufigkeitsverteilungen: Tabellen

Eines der meistangewandten Verfahren zur Ermittlung und Beschreibung des Zusammenhangs zwischen mehreren Variablen sind zwei- oder mehrdimensionale Tabellen, die die gemeinsame Häufigkeitsverteilung dieser Variablen darstellen. Während in der einfachen Häufigkeitsverteilung nur in Erfahrung gebracht wird, wie häufig bestimmte Kategorien der Variablen besetzt sind, wird bei mehrdimensionalen Häufigkeitsverteilungen gezählt, wieviele Einheiten in sämtlichen möglichen Kombinationen der Kategorien vorkommen. Die möglichen Kombinationen der Kategorien der Variablen, die tabelliert werden, bilden die Zellen der Tabelle.

Die relativen Häufigkeiten in den Zellen der Tabelle können in verschiedener Weise angegeben werden. Die Besetzungszahlen in den einzelnen Zellen können auf die Gesamtzahl der Einheiten bezogen werden (total percent). Ebenso können sie auf die Zahl der Einheiten in den Kategorien einer der beteiligten Variablen bezogen werden, so daß die Besetzungszahl einer Zelle ausgedrückt als Prozentwert wird, der auf die Zahl der Fälle in einer Spalte (column percent) oder Zeile (row percent) bezogen ist.

Welche Art der Prozentuierung richtig ist, hängt davon ab, was für eine Art von Aussage gemacht werden soll. Um es am Beispiel von Geschlecht und Parteipräferenz zu erläutern: soll bestimmt werden, ob eine Partei mehr weibliche oder mehr männliche Wähler hat, müssen die Besetzungszahlen auf die Zahl der Anhänger der jeweiligen Partei prozentuiert werden. Soll hingegen ausgesagt werden, welche Partei denn die Mehrzahl der Männer oder Frauen wähle, müssen die Besetzungszahlen auf die Kategorien der Variable Geschlecht prozentuiert werden.

Bei der Spezifikation von Tabellenwünschen ist deswegen sorgfältig darauf zu achten, daß Spalten- und Zeilenvariablen richtig spezifiziert werden, da der Benutzer angeben muß, ob er Spalten-, Zeilen- oder Gesamtprozentwerte in den Zellen der Tabellen finden will.

Die SPSS-Anweisung

```
CROSSTABS       PARTEI BY SEX
```

würde Parteipräferenz zur Zeilenvariablen und Geschlecht zur Spaltenvariablen machen, während die Anweisung

```
CROSSTABS       SEX BY PARTEI
```

eine andere Tabelle erzeugen würde, in der Parteipräferenz die Spaltenvariable und Geschlecht die Zeilenvariable ist. Der Benutzer von DATA-TEXT verlangt Tabellen mit dem Befehl

```
*COMPUTE CROSSTABS (variablenliste BY variablenliste),
parameter
```

Variablen mit mehreren Werten können hierbei verwendet werden. Sollen nicht-kategorisierte Variablen (Variablen ohne Etiketten für ihre Werte) verwandt werden, die mehr als 20 Kategorien aufweisen, so muß mit dem Parameter MAXCAT= die höchstzulässige Zahl von Ausprägungen nicht-kategorisierter Variablen bestimmt werden.

OSIRIS verfügt über mehrere Tabellenprogramme (FTAU,FTAW usw.), die von den Benutzeranforderungen her im wesentlichen ähnlich sind. Zeilen und Spalten der Tabellen können von OSIRIS nicht mit Etiketten der Werte beschriftet werden.

SPSS hat zwei Kontrollkarten, die zur Tabellenerzeugung benutzt werden können:

```
CROSSTABS       variablenliste BY variablenliste

und

FASTABS         VARIABLES = variablenliste 1 (min,max) /
                variablenliste 2 (min,max) /
                TABLES=variablenliste 2 BY variablenliste 1
```

Mit CROSSTABS können auch alphanumerische Variablen tabelliert werden; dem Vorteil, daß der Benutzer weniger Anweisungen als bei FASTABS geben muß, steht als Nachteil entgegen, daß CROSSTABS wesentlich mehr Rechenzeit braucht und eine Überziehung des Kernspeicherbedarfs erst bei Ausführung des Programms (nach Verschwendung von Computerzeit in oft erheblichem Umfang) feststellt. Die Zahl der Dimensionen ist bei DATA-TEXT und SPSS auf 8 beschränkt, d.h., es dürfen bis zu 6 Kontrollvariablen gleichzeitig verwandt werden. Der Benutzer sollte jedoch die Zahl der Ausprägungen der Kontrollvariablen und ggfs. aller möglichen Kombinationen der Ausprägungen der gleichzeitig verwandten Kontrollvariablen berücksichtigen, denn dies ist gleichzeitig die Zahl der zweidimensionalen Teiltabellen, die ausgedruckt werden. Je größer die Zahl der Ausprägungen der Kontrollvariablen, desto kleiner wird die Fallzahl in den einzelnen Untertabellen und desto umfangreicher (und weniger überschaubar) wird der Computerausdruck.

Die Möglichkeit, durch Spezifikation von Variablenlisten auf den Kontrollkarten für Tabellen mit sehr wenig Anweisungen sehr viele Tabellen zu erzeugen, hat nicht nur eine angenehme Seite für den Benutzer; wenn er nicht darauf achtet, erhält er leicht eine solche Fülle von Tabellen und Zahlen, daß er verzweifelt nach Techniken der Informationsreduktion sucht. Die Anweisung

```
CROSSTABS        VAR001 TO VAR100 BY VAR101 TO VAR110
```

würde bereits 1000 Seiten Computerausdruck voll Tabellen erzeugen; die Spezifikation auch nur einer Kontrollvariablen würde den Ausdruck bereits um die Zahl ihrer Ausprägungen vervielfachen. DATA-TEXT und OSIRIS können zweidimensionale Häufigkeitsverteilung auch graphisch darstellen. Zur Darstellung des Streuungsdiagramms wird kein besonderer Plotter benötigt, sondern der normale Ausgabedrucker des Computers benutzt. DATA-TEXT gibt dem Benutzer die Möglichkeit, selbst über die Symbole zu bestimmen, die für bestimmte Häufigkeiten gedruckt werden.

Die entsprechende DATA-TEXT-Anweisung lautet

```
*COMPUTE PLOTS (variablenliste BY variablenliste).
```

Der OSIRIS-Benutzer muß das Programm SCAT aufrufen und die einzelnen Streuungsdiagramme, die er wünscht, spezifizieren.

4.4 Maßzahlberechnung für abhängige Variablen

Ist die abhängige Variable eine Intervallskala und die Verteilung nicht zu schief, kann die Darstellung ihres Mittelwerts und ihrer Varianz für die Kategorien der unabhängigen Variablen ein nützliches Mittel der Informationsreduktion gegenüber Kontingenztabellen sein. Routinen, die entsprechenden Maßzahlen zu ermitteln, sind in allen Analysesystemen enthalten.

DATA-TEXT enthält mehrere Befehle, die entsprechende Analysen veranlassen: +COMPUTE CROSSTABS ist hierfür vorgesehen. Der Befehl +COMPUTE STATISTICS leistet ähnliches, wenn die Option

GROUP BY verwandt wird. Ebenfalls können die Befehle +COMPUTE T-TESTS und +COMPUTE F-TESTS zur Berechnung statistischer Maßzahlen der abhängigen Variablen für vom Benutzer genannte Kategorien unabhängiger Variablen verwandt werden.

OSIRIS enthält zwei Programme für einfache Varianzanalyse, die zum gleichen Zweck benutzt werden können: FMEANS 1 und FMEANS 2.

SPSS bietet das Unterprogramm BREAKDOWN, das Mittelwerte, Standardabweichungen und Varianzen der abhängigen Variablen für alle Werte und ggfs. Wertkombinationen unabhängiger Variabler ausweist.

4.5 Signifikanzmaße für Tabellen und Mittelwerte

Alle Systeme können Signifikanzmaße für Tabellen (chi^2) berechnen; das Signifikanzniveau einer Tabelle wird exakt ausgewiesen. Notwendige Korrekturen für Zellenzahl und Besetzungszahlen (Fisher's Exact Test statt chi^2, Yates' Korrektur) werden von den Systemen automatisch vorgenommen.

Für die Voraussetzungen, Berechnungsarten und Probleme der Anwendung von Signifikanztests sei auf die umfangreiche einschlägige Literatur verwiesen (siehe Sahner 30).
Da jedoch allzuoft mit der Möglichkeit der automatischen Errechnung von Signifikanztests Mißbrauch getrieben wird, erscheinen folgende Hinweise angebracht:
Signifikanz und Bedeutsamkeit sind keineswegs identisch. Es gibt viele Ergebnisse, die keineswegs theoretisch bedeutsam, aber statistisch signifikant, da wahrscheinlich nicht zufällig, sind. Mit dem chi^2 - Text wird immer nur auf Unabhängigkeit der Variablen geprüft; ist ein chi^2 Wert auf einem bestimmten Niveau signifikant, so ist dieser Wert die Wahrscheinlichkeit der Abwesenheit einer Nichtbeziehung zwischen Variablen. Ein Signifikanztest ist <u>nur dann</u>

angebracht, wenn vorher eine spezifische Hypothese formuliert war, die anhand gegebener Daten überprüft werden soll. Erst einmal alles gegen alles zu tabellieren, dann diejenigen Tabellen näher anzusehen, die signifikant sind, und einen Teil dieser Tabellen dann inhaltlich so zu interpretieren, als seien irgendwelche Hypothesen bestätigt oder widerlegt worden, wäre ein grober Kunstfehler, der nur zeigen würde, daß der Interpret die Logik der statistischen Verfahren auch nicht im Ansatz begriffen hat. Der Hinweis auf die (umstrittene) Legitimität von Nullhypothesen kann kein Alibi für eine solche Vorgehensweise sein. Denn auch der computergläubigste statistische Ignorant wird doch wohl kaum im Ernst die universale Nullhypothese unterstellen, daß keine Variable in irgendeiner Weise mit einer oder mehreren anderen Variablen im Zusammenhang stände.

Ob die Berechnung von Signifikanzmaßen angebracht ist oder nicht, ist auch von der Zahl der Fälle einer Stichprobe abhängig. Bei dem Stichprobenumfang N=2000, der in der Markt- und Meinungsforschung üblich ist, erweisen sich auch winzige Zusammenhänge oft als signifikant. Bei Stichproben großen Umfangs wird besonders anschaulich, was schon als Definition klar sein sollte: Signifikanztests sind keine Angaben über die Stärke eines Zusammenhangs!

DATA-TEXT und OSIRIS können auch die Signifikanz von Mittelwertsdifferenzen zwischen verschiedenen Gruppen berechnen (t - tests). Die Berechnung von F-tests, die mit DATA-TEXT und OSIRIS möglich ist, wird in der statistischen Literatur unter dem Stichwort einfache Varianzanalyse (one way analysis of variance oder ANOVA) abgehandelt.

Ob die Signifikanzwerte exakt ausgewiesen werden oder ob allgemeine Grenzen (5% oder 1%-Niveau) gesetzt werden sollten, ist in der Literatur kontrovers (30). Die Kontroverse kann hier nicht entschieden werden; es sei aber darauf hingewiesen, daß genaue Angaben von Signifikanzwerten, die kleiner als 0,01 sind, Scheinpräzision vortäuschen und deswegen zugunsten von < 0,01 unterbleiben sollten.

4.6 Assoziationsmaße für Kontingenztabellen

F. Mosteller beklagte als Präsident der American Statistical Association den Hang von Sozialwissenschaftlern zur aus schließlichen Berechnung von Signifikanzmaßen: "Ich fürchte, das Erste, was ein Sozialwissenschaftler tut, wenn er eine Kontingenztabelle sieht, ist chi^2 zu berechnen. Dies ist manchmal erleuchtend, manchmal überflüssig und manchmal geht längst nicht weit genug." (25)

Die Analysesysteme geben dem Sozialwissenschaftler die Möglichkeit, für Kontingenztabellen Assoziationsmaße auf einfache Weise zu berechnen, die wesentlich aussagekräftiger sein können, als es chi^2 allein sein kann. Welches Maß angemessen ist, hängt vom Meßniveau der Variablen sowie von der Analyseabsicht des Benutzers ab. Kurze Hinweise über die Angemessenheit der verschiedenen Assoziationsmaße werden in den Handbüchern der Systeme gegeben; eine vergleichende Diskussion verschiedener Maße bietet Costner (10). Ein einfach handbarer Wegweiser zur angemessenen statistischen Maßzahl ist Andrews et al. (5).

Für nominale Variablen enthalten alle Systeme u.a. die auf chi^2 basierenden Assoziationsmaße (Kontinginzkoeffizient, Phi, Cramers V), sowie das von Goodman und Kruskal vorgeschlagene lambda.

Für ordinale Variablen (in diesem Fall ist darauf zu achten, daß Angaben wie "Weiß nicht" als fehlende Werte behandelt werden!) können u.a. Kendalls tau, Goodman's und Kruskal's gamma und Somer's d verwandt werden. Welcher dieser Koeffizienten angemessener ist, hängt u.a. davon ab, ob die Beziehung symmetrisch oder asymmetrisch ist (in letzterem Fall ist Somer's d angebracht), und ob nur monotone oder auch nicht-monotone Beziehungen erfaßt werden sollen. Als Maß des Zusammenhangs zwischen einer abhängigen Variablen, die eine Intervallskala ist, und unabhängigen Variablen, die nominal sein können, ist eta zu verwenden. eta ist gewissermaßen ein Korrelationskoeffizient ohne die Vorgabe der linearen Regel. Der Vergleich von Koeffizienten, die nur lineare Beziehungen erfassen und eta kann dem Benutzer anzeigen, wie stark eine vorhandene Beziehung von der Linearitätsannahme abweicht.

Der Benutzer von SPSS spezifiziert die Kennziffern der von ihm gewünschten Koeffizienten auf der STATISTICS-Karte. Der DATA-TEXT-Benutzer nennt die gewünschten Koeffizienten explizit (gemäß den Regeln der Sprache) auf der *COMPUTE CROSSTABS-Karte. Der Benutzer der OSIRIS-Tabellenprogramme nennt die gewünschten Maßzahlen als Subparameter des keyword STAT=(...,...).

4.7 Korrelationsmaße

Wenn der Zusammenhang mehrerer Variablen bestimmt werden soll, ist es nicht immer erforderlich, die entsprechenden gemeinsamen Häufigkeitsverteilungen zu betrachten. Oft genügt es, nur die summarischen Maße des Zusammenhangs zwischen verschiedenen Variablen zu ermitteln.

Alle Systeme können Produktmomentkorrelationskoeffizienten (Pearson's r) berechnen. Hierfür gilt die DATA-TEXT Anweisung COMPUTE CORRELATIONS, das OSIRIS Unterprogramm MDC (Missing Data Correlations) und die SPSS-Kontrollkarte PEARSON CORR. Die Matrix der Korrelationskoeffizienten kann auch maschinenlesbar ausgegeben werden (z.B. Ausstanzen auf Karten). Die Matrix kann dann von anderen Programmen weiterverwandt werden (z.B. zur Berechnung von Regressionen oder Faktorenanalysen).

Sollen Matrizen mit einem anderen Analysesystem bearbeitet werden als mit dem, mit dem sie erstellt wurden, sollte der Benutzer die Format-Angaben für Matrizen des Systems feststellen.

Wenn fehlende Werte paarweise weggelassen werden, muß die Fallzahl, für die der jeweilige Koeffizient berechnet wurde, bei der Interpretation berücksichtigt werden. Wenn die Zahl fehlender Werte bei manchen Variablen groß ist, kann die Fallzahl, auf deren Grundlage ein bestimmter Korrelationskoeffizient berechnet wurde, wesentlich kleiner als die Gesamtzahl der Fälle der Datei sein. SPSS kann neben r auch Sperman's rho und Kendall's tau berechnen und als Matrizen ausgeben. Hierfür ist der Befehl

```
NONPAR CORR          variablenliste
```

zu benutzen.

Das OSIRIS-Unterprogramm CORREL bietet eine Vielzahl möglicher nicht-parametrischer und parametrischer Korrelationskoeffizienten, die ermittelt und auch als Standard-OSIRIS-Matrix maschinenlesbar ausgegeben werden können. Zu diesen Maßzahlen gehören u.a. eta, phi, phi/phimax, Yule's Q und Yule's Y.

5. Multivariable Analyseverfahren

Das Ziel der Anwendung multivariater Analyseverfahren in der Sozialforschung ist es häufig, an die Stelle einer verwirrenden Fülle von Einzelbeziehungen zwischen Variablen wenige Maßzahlen zu setzen, die die Beziehungen zwischen den verschiedenen Variablen zusammenfassen, ohne willkürlich bestimmte Beziehungen dabei zu unterschlagen. Die Anwendung solcher Verfahren und die Interpretation der mit ihnen erzielten Kenntnisse setzt ein beträchtliches Maß an Kenntnis der entsprechenden statistischen Verfahren voraus. Im folgenden werden Hinweise zur Verwendung einiger multivariater Analyseverfahren, die von den Datenanalysesystemen angeboten werden, gegeben; es handelt sich nur um eine Auswahl aus den verfügbaren Verfahren und der Leser sollte sich bewußt sein, daß es neben den im folgenden diskutierten weitere multivariate Techniken gibt, die unter Umständen seinem Problem und seinen Daten angemessener sein können. Während im folgenden manche Zielsetzungen des jeweiligen Verfahrens und einige Anwendungsmöglichkeiten kurz skizziert werden, ist nicht beabsichtigt, mit den folgenden Bemerkungen eine ausreichende Einführung in die jeweiligen Verfahren zu geben. Für die Anwendung der Verfahren müssen die entsprechenden Kenntnisse vorausgesetzt werden; die zum Verständnis der Verfahren erforderlichen mathematisch-statistischen Ableitungen können hier nicht gegeben werden.

Die Lehrbücher der Statistik sind allerdings für denjenigen unbefriedigend, der mit den dort erklärten und abgeleiteten Verfahren Daten nicht fiktiver Art untersuchen möchte. Denn für die Beziehung zwischen Statistik und Sozialwissenschaft gilt entsprechend, was Schwartz (32) über das Verhältnis von Mathematik und Naturwissenschaften feststellte:
"In its relations with science, mathematics depends on an intellectual effort outside of mathematics for the crucial specification of the approximation which mathematics is to

take literally. Give a mathematician a situation which is the least bit ill-defined - he will first of all make it well-defined. Perhaps appropriately, but perhaps also inappropriately."

Die Voraussetzungen, die für die statistischen Modelle gelten, sind in der Praxis oft auch nicht einmel annähernd gegeben. In dieser Situation lassen die statistischen Lehr bücher den Sozialforscher, der seine Daten analysieren will, allein. Sie teilen nicht mit, was geschieht, wenn diese Verfahren auf Daten angewandt werden, die ihre Voraussetzungen nicht erfüllen. Das Dilemma wird treffend formuliert von Lieberman (23) :

"We find ourselves in a peculiar situation for people who are striving for rigorous knowledge. Some of our data satisfy the assumptions of a particular, appropriate statistical model. On the other hand, sometimes we think it best to use a statistical technique even when it is not completely appropriate; and at other times we are faced with the work of less competent investigators who have used a statistical technique that we see as clearly inappropriate. Sometimes it is difficult to tell which is the case."

Der Datenanalytiker selbst muß abwägen, ob er trotz der Abweichungen vom Idealfall des Lehrbuchs von diesen nützlichen Techniken der Informationsreduktion Gebrauch machen will, oder ob er wegen der Verletzung der Voraussetzungen auf die Anwendung dieser Verfahren verzichten will. Dazu ist nicht nur die Kenntnis der Details der Verfahren erforderlich, so wie sie in Lehrbüchern der Statistik gegeben werden, sondern auch die Kenntnis der Kontroversen, die bisher mit der Anwendung entsprechender Modelle auf wirkliche Daten verbunden sind. Eine ausgezeichnete Einführung zu diesem Zweck ist der von Lieberman herausgegebene Reader (23).

Bei diesen Hinweisen wollen wir es nicht bewenden lassen. Im folgenden werden nicht nur Verfahren vorgestellt und gezeigt, "wie es gemacht wird", wie die entsprechenden Routinen in den Systemen aufgerufen werden. Die Gefahr der Analysesysteme ist ja gerade die Einfachheit, mit der der Gebrauch von komplexen Analyseverfahren auch für diejenigen möglich wird, die keinerlei nähere Kenntnis dieser Verfahren und ihrer Voraussetzungen haben. Aus diesem Grunde werden im folgenden zusätzliche Hinweise auf einige der wichtigsten Voraussetzungen gegeben, die für das entsprechende Verfahren gegeben sein müssen.

Die mitgeteilten Erfahrungen aus der Anwendung multivariater Verfahren auf unvollkommene Daten dürfen deswegen nicht als Faustregeln, deren Beachtung den Erfolg garantiert , mißverstanden werden. Sie sind vielmehr als Hinweise auf Probleme zu verstehen, denen Aufmerksamkeit gewidmet werden muß.

Es versteht sich, daß Vollständigkeit dabei weder beabsichtigt noch möglich war. Nur auf einige der häufigsten Fehlerquellen kann im folgenden hingewiesen werden.

5.1 Faktorenanalyse

Wenn sehr viele Fragen zu vergleichbaren Themenbereichen in derselben Studie enthalten sind, oder wenn sehr viele Einzelitems etwa zu psychologischen Tests gehören, ist der Forscher daran interessiert, nicht nur die Korrelationen zwischen den einzelnen Items oder Variablen herauszufinden, sondern auch die Dimensionen oder Cluster zu bestimmen, die den beobachteten Korrelationen zwischen den Variablen zugrunde liegen. Mit anderen Worten, der Forscher ist an einer Reduktion seiner Daten interessiert. Die wohl prominenteste Methode der Datenreduktion ist die Faktorenanalyse.

Unterprogramme für Faktorenanalyse sind in allen hier diskutierten Datenanalysesystemen enthalten. Die möglichen Arten, Faktorenanalysen zu verwenden, sind sehr zahlreich, und es gibt Apologeten der Technik, die eigentlich kein Gebiet sehen, dessen Probleme nicht auch mit der Methode der Faktorenanalyse lösbar wären. Die häufigsten Anwendungen der Faktorenanalyse könnte man jedoch in drei Gruppen klassifizieren: a) Exploration. Man will die zugrundeliegenden Muster der Beziehungen zwischen den Variablen entdecken, dadurch vielleicht auf neue Konzepte stoßen und seine Daten reduzieren. Es gibt Forscher, die diese Verwendung der Faktorenanalyse wenig freundlich kommentieren mit den Worten: "Man faßt die Daten bei der Kehle und sagt zu ihnen: sprecht zu mir!"
b) Hypothesentest. Die Faktorenanalyse ist geeignet, Hypothesen über die Dimensionen von Eigenschaftsräumen zu bestätigen oder zu widerlegen.
c) Hilfe bei der Skalenkonstruktion. Die Faktorenanalyse wird hier benutzt, um zu Indices oder Skalen zu gelangen, die tatsächlich eindimensional sind, und später in der Analyse als neue Variablen verwandt werden.

Eine hinreichende Einführung in die vielen Verfahrensweisen und Techniken zu geben, die mit dem Namen Faktorenanalyse bezeichnet werden, ist auf dem hier zur Verfügung stehenden Raum weder möglich noch erforderlich; neben den ausgezeichneten Darstellungen des Verfahrens der Faktorenanalyse bei Harman (15), Rozeboom (28), Rummel (29) oder Überla (36) gibt es im SPSS-Handbuch und im DATA-TEXT-Primer verständliche, nicht-mathematische Einführungen in das Feld der Faktorenanalyse. Die folgenden Bemerkungen zur Faktorenanalyse so wie sie in den verschiedenen Datenanalysesystemen angeboten wird, setzen ein gewisses Maß an Verständnis des Verfahrens also voraus; ihr Hauptzweck ist es, den Benutzer, dem die technische Durchführung von

Faktorenanalysen durch Datenanalysesysteme so leicht gemacht wird, vor einer vorschnellen Verwendung dieses Verfahrens zu warnen, wenn er nicht hinreichende Klarheit über die Voraussetzungen in den eingegebenen Daten und die Konsequenzen von gewählten Optionen (oder default options) hat. Wenn der Benutzer keine Optionen in seinen Anweisungen spezifiziert, liefern (durch die default options) alle hier diskutierten Datenanalysesysteme Faktorenanalysen nach fast gleichen Verfahren. Sie berechnen Produktmomentkorrelationskoeffizienten, extrahieren Faktoren nach den Hauptachsenverfahren unter Anwendung von Kaiser's Kriterium, rotieren die so erhaltenen Faktoren nach dem VARIMAX-Kriterium und, falls der Benutzer sich eine nicht-orthogonale Lösung zusätzlich gewünscht hat, nach dem OBLIMIN-Verfahren. Diese Vorgehensweise ist einigermaßen standardisiert und sie hat sich weitgehend als die übliche eingebürgert. Gegen eine solche Vorgehensweise ist auch garnichts einzuwenden, wenn nicht hinterher behauptet wird, es handele sich um die wahre Dimensionalität der wirklichen Welt, die man mit Hilfe des Verfahrens der Faktorenanalyse ermittelt habe. Aber eben dies wird eben viel zu häufig etan. Viel zu häufig wird so getan, als sei von der Datenverarbeitungsanlage in Anwendung des Verfahrens der Faktorenanalyse eine völlig objektive und optimale Entscheidung getroffen worden; die Entscheidung ist aber nur insofern objektiv, als sie fest vorgegebene Kriterien anwendet. Das deutlichste Beispiel hierfür ist die Entscheidung über die Zahl der Faktoren.

Ergebnis der Hauptachsenlösung sind genauso viele Faktoren, wie Variablen in die Analyse eingingen (es sei denn, eine dieser Variablen sei vollständig durch andere Variablen determiniert). Damit wäre dem Faktorenanalytiker in dieser Form überhaupt nicht geholfen; denn er ist ja gerade daran interessiert, eine möglichst große Zahl von Variablen mit einer möglichst kleinen Zahl von Faktoren zu erklären. Der

erste Faktor, den die Hauptachsenlösung liefert, ist die beste einzelne Zusammenfassung der in den Daten auftretenden linearen Beziehungen. Der zweite Faktor ist definiert als die zweitbeste lineare Kombination von Variablen, die orthogonal zur ersten Achse sein muß. Entsprechendes gilt für die weiteren Faktoren, bis schließlich der letzte Faktor am wenigsten zur Erklärung beiträgt. Soweit ist das Verfahren mathematisch eindeutig; arbiträr ist aber die Entscheidung, nur eine bestimmte Zahl der "besten" Faktoren in der Folge zu berücksichtigen. Kaiser's Kriterium, alle Faktoren wegzulassen, die nicht mindestens einen Eigenwert von 1,0 aufweisen, gibt nicht immer eine akzeptable Lösung. Eine intuitiv gehandhabte Faustregel zur Bestimmung der Faktorenzahl besteht darin, den Varianzzuwachs durch einen zusätzlichen Faktor zu betrachten. Erklären z.B. die ersten drei Faktoren jeweils recht viel und die Faktoren vier und folgende sehr wenig von der Varianz, so wären drei Faktoren beizuhalten und alle folgenden Faktoren wegzulassen. Diese Faustregel liefert allerdings kein im voraus fest gegebenes Kriterium. Die scheinbar so objektive Anwendung von Kaiser's Kriterium kann u.U. dagegen der Struktur der jeweiligen Beziehungen in den Daten inadäquat sein. Wenn etwa der 5. Faktor ein λ von 1,01 und der sechste Faktor ein λ von 0,99 aufweist, dann wird sehr deutlich, ein wie arbiträres Kriterium der von Kaiser vorgeschlagene Wert sein kann.
Es wäre also keine sinnvolle Anwendung der Faktorenanalyse, einfach nur einmal mit bestimmten Daten eine Faktorenanalyse rechnen zu lassen und dieses Ergebnis als endgültig zu behandeln. Vielmehr ist z.B. im Ausdruck die Tabelle der Eigenwert der Faktoren sorgfältig zu prüfen und danach zu entscheiden, ob die Anwendung von Kaiser's Kriterium sinnvoll war oder nicht.

Abb. 15 Varianzanteile von Faktoren

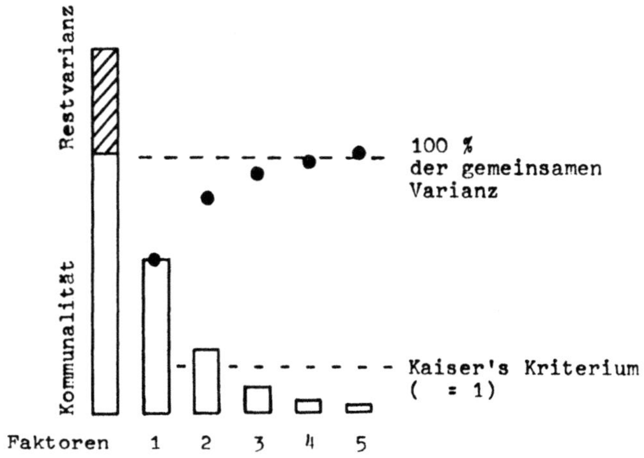

Die Kurve der Varianzanteile der Faktoren und das Minimalkriterium eines Eigenwertes (größer als 1,0) sollten nicht die einzigen Kriterien sein, nach denen die Zahl der Faktoren bestimmt wird. Einige weitere Kriterien sind die Interpretierbarkeit der Faktoren, eine Gesamtzahl der Faktoren, die kleiner ist als die Hälfte der Variablen, die in die Faktorenanalyse eingingen, akzeptable Residuen der Korrelationsmatrix und ein hinreichender Anteil aller Faktoren zusammen an der gemeinsamen Varianz der Variablen. Im ersten Durchgang der Faktorenanalyse der Variablen können diese und andere Kriterien vom Forscher geprüft werden. Danach kann er entscheiden, wieviel Faktoren er sich wünscht, und kann dann die entsprechenden Optionen (maximale Faktorenzahl, Spezifizierung eines Eigenwertkriteriums usw.) wählen.

Eine weitere Entscheidung, die bei der Faktorenanalyse vom Forscher zu treffen ist oder vom Programm getroffen wird, ist das Verfahren zur Schätzung der Kommunalität. Obwohl die Auswirkung der Wahl eines der in den verschiedenen Datenanalysesystemen angebotenen Verfahren der Kommunalitätenschätzung wesentlich geringer ist als etwa die Frage des oder der Kriterien für die Zahl der Faktoren, ist ein Verständnis des Kommunalitätenproblems für ein Verständnis des Verfahrens der Faktorenanalyse und der verschiedenen Möglichkeiten der Faktorenbestimmung unerläßlich; der Leser sei auf die Diskussion bei Überla verwiesen.

Die meisten alternativen Verfahren der Faktorenanalyse werden in SPSS angeboten. Dies sind Rao's Kanonische Faktorenanalyse (27), Alpha-Faktorenanalyse (19), und das Image-Verfahren (18). Als erste Einführung in diese relativ neuen Verfahren, die in klassischen Einführungen in die Faktorenanalyse nur zum Teil behandelt werden, eignet sich das entsprechende Kapitel des SPSS Handbuchs, in dem auch auf die relevante Literatur verwiesen wird. In keinem der hier behandelten Datenanalysesysteme ist eine Option enthalten, die eine Faktorenanalyse nach dem Maximum-Likelihood-Verfahren, so wie sie von Lawley und Maxwell (22) befürwortet wird, erlaubt. Wer mit diesen Verfahren experimentieren will, muß es unternehmen, die entsprechenden Programme z.B. aus.einer Programmbibliothek zu erhalten.

Alle hier diskutierten Verfahren geben dem Benutzer die Möglichkeit, orthogonale oder schiefwinklige Rotationen vorzunehmen. Ob die Faktoren miteinander korrelieren dürfen oder nicht, ist eine Entscheidung, die dem Benutzer nicht abgenommen werden kann.

Nur DATA-TEXT enthält eine Option, die das Prüfen von Hypothesen über die Dimensionalität von Eigenschaftsräumen und damit eine mehr theoretisch orientierte Verwendung der Faktorenanalyse erleichtert: für die orthogonale Lösung können Variablen oder Analyseeinheiten als Zielkriterien der Rotation spezifiziert werden.

Gerade wer von der Leichtigkeit, mit der mit Datenanalysesystemen Faktorenanalysen möglich sind, begeistert ist, sei darauf hingewiesen, daß sich nicht alle Daten in gleicher Weise für Faktorenanalysen eignen. Die folgenden warnenden Bemerkungen sind das Minimum dessen, was vor einer Faktorenanalyse zu beachten ist.

a) Beim R-Typ der Faktorenanalyse, der von den Korrelationen zwischen Variablen ausgeht, ist eine ausreichende Anzahl von Analyseeinheiten Voraussetzung. Die Faustregel, daß die Zahl der Analyseeinheiten größer sein müsse als die Zahl der Variablen, ist allerdings zu schematisch.

Ist die Zahl der Analyseeinheiten wesentlich kleiner als die Zahl der Variablen, kann der Q-Typ der Faktorenanalyse, der von Korrelationen zwischen den Analyseeinheiten ausgeht, sinnvoll sein; dies ist jedoch nicht allein eine Frage der Datenlage, sondern vor allem von der Analyseabsicht des Forschers abhängig.

Direkte Faktorenanalyse des Q-Typs ist nur mit DATA-TEXT möglich; OSIRIS und SPSS können eine Analyse dieses Typs nur dann leisten, wenn der Benutzer auf andere Weise die Ähnlichkeitsmaße zwischen den Analyseeinheiten berechnet hat und diese Matrix als Grundlage der Faktorenanalyse mit OSIRIS oder SPSS genommen hat.

b) Alle Faktorenanalyseprogramme berechnen zunächst Produktmomentkorrelationskoeffizienten. Die Berechnung dieses Korrelationskoeffizienten ist an einige Voraussetzungen gebunden, von denen eine das Messniveau der Intervallskala für die entsprechenden Variablen ist. Nun setzt sich zwar mehr und mehr die Auffassung durch, daß von solchen parametrischen Techniken auch Gebrauch gemacht werden darf, wenn Ordinalskalen mit sinnvoll zugewiesenen numerischen Werten vorhanden sind; der Benutzer ist jedoch in jedem Fall davor zu warnen, ohne vorherige sorgfältige Prüfung der Merkmale seiner Variablen, so wie sie mit den univariaten Häufigkeitsverteilungen und den entsprechenden Maßzahlen ohne weiteres möglich ist, solche Variablen in die Prozedur der Faktorenanalyse eingehen zu lassen.

c) Vor einer Faktorenanalyse ist die Verteilung der fehlenden Angaben sorgfältig zu prüfen. Danach ist die entsprechende Option für die Behandlung fehlender Werte zu wählen. Paarweises Weglassen der Fälle aus den Berechnungen nur der jenigen Korrelationskoeffizienten, für die bei einer der beiden Variablen kein Wert vorhanden ist (z.B. wenn für die Variable y für den Fall k ein gültiger Wert nicht vorhanden ist, wird k nicht herangezogen für r_{xy} und r_{yz}, aber berücksichtigt für die Berechnung von r_{xz}), führt dazu, daß die resultierende Korrelationsmatrix tatsächlich auf verschiedenen Stichproben beruht. Trotz dieses Einwands wird dies Verfahren in der Praxis häufig verwandt. Es ist jedoch nur dann vertretbar, wenn die Zahl fehlender Werte pro Variable klein und zufallsverteilt ist. Da bei paarweiser Weglassung die Korrelationskoeffizienten keine Gramsche Matrix bilden, sind beim Hauptachsenverfahren der Faktorenextraktion negative Eigenwerte möglich. Wenn die Zahl der fehlenden Werte klein und zufallsverteilt ist,ist die Größenordnung dieses Problems jedoch unbeachtlich. Dies Problem stellt sich nicht, wenn für alle Korrelationskoeffizienten all die Einheiten weggelassen werden, die für mindestens eine der Variablen einen fehlenden Wert aufweisen. Dies Verfahren führt zu mathematisch sauberen Lösungen bei der folgenden Faktorenanalyse, reduziert jedoch möglicherweise die Zahl der Fälle, die den Korrelationen zugrundeliegen, dramatisch. Ein Ausweg ist die Ersetzung von fehlenden Werten durch Schätzwerte; über die Legitimität des Einsetzen von Schätzwerten für fehlende Werte kann jedoch immer nur im konkreten Fall bei Kenntnis des Datenmaterials geurteilt werden.

d) Vor einer Faktorenanalyse ist eine Inspektion der Matrix der Korrelationskoeffizienten erforderlich. Sind die Korrelationskoeffizienten durchweg gering, ist eine Faktorenanalyse mit solchen Daten ein sinnloses Unterfangen.

e) Ein spezielles Problem ist die Behandlung dichotomer Variablen in Faktorenanalysen. Die Verwendung einer Matrix von Phi-Koeffizienten (im Fall der Vierfeldertafel konvergier Pearson's bekanntlich mit Phi) ist zwar legitim; sie hat jedoch die unerfreuliche Konsequenz, daß Items einer Skala, die nach den Kriterien etwa einer Guttman Skala unstrittig eindimensional ist, in der folgenden Faktorenanalyse zu eigenen Dimensionen erklärt werden (35). Ein umstrittener Ausweg ist es, anstelle von Phi Yule's Q als Korrelationsmaß zu wählen und diese Matrix in die Faktorenanalyse einzugeben. Hierdurch bleibt die Eindimensionalität von Guttman-Skalen in der Faktorenanalyse erhalten; als problematisch erweist sich hierbei jedoch die beträchtliche Zahl recht ansehnlicher negativer Eigenwerte (24). Das Problem der Behandlung dichotomer Daten in der Faktorenanalyse ist noch ungelöst. Die Problematik wird sowohl in der älteren psychologischen Literatur (hier als das Problem des Schwierigkeitsfaktors bei der Testkonstruktion) als auch in McRae's Studien über Abstimmungsverhalten (24) eingehend diskutiert. Vor der Verwendung dichotomer Daten bei Faktorenanalysen und der Wahl eines Korrelationsmaßes sind die Implikationen dieser Entscheidungen sorgfältig zu durchdenken. Das Nachdenken über Implikationen der Vorgehensweise kann nicht durch das Ausprobieren verschiedener Verfahren (Phi-Matrix, Q-Matrix, Guttman-Skalen) ersetzt werden. Freilich kann der Vergleich der unterschiedlichen Ergebnisse dieser Verfahrensweise den Forscher möglicherweise davor bewahren, Artefakte einer Verfahrensweise der wirklichen Welt voreilig als Dimensionalität zuzuschreiben. Der Vergleich der Ergebnisse kann nicht entscheiden, welches Verfahren nun das "richtige" war; aber er kann zumindest sehr deutlich machen, daß nicht alle Resultate zugleich zutreffen können. Unabhängig davon, welche Optionen gewählt werden, stellt sich bei allen Faktorenanalysen das Problem der Interpretation und der Benennung der Faktoren.

Nach objektiven mathematischen vorgegebenen Kriterien können Korrelationen berechnet, Faktoren extrahiert und rotiert werden; aber in jedem Fall bleibt es dem Forscher überlassen, die nach mathematischen Kriterien bestimmten Faktoren mit Namen zu versehen und zu interpretieren. Interpretation und Benennung der Faktoren sind nur möglich unter Rekurs auf die Variablen, auf denen sie besonders hoch laden, und durch die mehr oder minder schöpferische Behauptung von Zusammenhängen dieser auf einem und demselben Faktor ladenden Variablen. Benennung und Interpretation von Faktoren sind also leicht dem Vorwurf des Subjektivismus ausgesetzt.

Wird die Faktorenanalyse allerdings als Mittel der Kausalanalyse eingesetzt, sind der Interpretation durch das der Faktorenanalyse implizite kausale Modell Grenzen gesetzt (8). Dies Modell postuliert, daß jede der beobachteten Variablen durch einen oder mehrere nicht gemessene Faktoren verursacht wird. Die Faktoren mögen miteinander kausal verbunden sein oder nicht; aber keine der beobachteten Variablen steht in einem kausalen Zusammenhang mit einer anderen beobachteten Variablen; Korrelationen zwischen den gemessenen Variablen werden als Scheinkorrelationen (spurious correlations) im strikten Lazarsfeld'schen Sinne verstanden. Um den Vorwurf des Subjektivismus, der sowohl bei deskriptiver wie bei kausal-analytischer Verwendung der Faktorenanalyse gegen die Interpretation der Faktoren gerichtet werden kann, zu vermeiden, wird gelegentlich ganz auf die Interpretation und Benennung der Faktoren verzichtet; stattdessen werden

die Faktoren schlicht mit den Ziffern ihrer Reihenfolge bezeichnet. Harder diskutiert sehr pointiert Vor- und Nachteile von Interpretation und Interpretationsverzicht; nach Harder (14 , S. 138-139) soll die Faktorenanalyse praktisch dienen "1. zur Kreierung von Hypothesen, Durchdringung wissenschaftlich noch unbekannter Gegenstandsbereiche, Auffindung fundamentaler Ursachen oder Bestimmungsgrößen, Verständigung zwischen Theoretikern und Praktikern, Plausiblierung schwer verständlicher Befunde, kurz heuristischer Stimulation und semantischer Kommunikationserleichterung oder 2. zur Prognose und Ökonomisierung von Datenbeschreibungen. Entscheidet man sich für 1., so schadet der Subjektivismus nichts. Es ist dann nur fraglich, ob die objektivierende Funktion der Faktorenanalyse hinter der subjektiven und sprachschöpferisch versierten Interpretationsroutine so weit zurücktritt, daß der Rechenaufwand der Faktorenanalyse praktisch eine Verschwendung zu werden droht. Denn Hypothesen bilden, Zusammenhänge deuten, Möglichkeiten zu Bekanntem einfallsreich in Beziehung setzen, ist außerhalb rechnerischer Verfahren nicht nur möglich, sondern auch leichter, wenn vielleicht auch für den wissenschaftsgläubigen Laien weniger eindrucksvoll als der ihm undurchschaubare Formalismus eines Kalküls.
Entscheidet man sich dagegen für 2., so garantiert der Lerneffekt durch Fehlprognosen immer noch hinreichend, daß Hypothesen gefunden oder gesucht werden, auf die man sonst nicht verfallen wäre. Der Wert des Instruments einer Faktorenanalyse liegt dann aber im Prognoseerfolg und nicht im Erlebnis von Verständlichkeit."
In jedem Fall aber verdient die Warnung Blalock's vor dem vorschnellen Einsatz der Faktorenanalyse Beachtung (8 ,S.169): "The mere fact that factor analysis provides a technique for substituting a relatively small number of unmeasured variables for a larger number of measured variables does not mean that it should be used indiscriminately whenever the number of variables becomes too large for adequate conceptualization."

5.2 Alternativen zur Faktorenanalyse: Multidimensionale Skalierung

Die für die Sozialforschung wohl wichtigste Alternative zur Faktorenanalyse, um die Dimensionalität einer Vielzahl beobachteter Merkmale zu untersuchen, sind die Verfahren der Multidimensionalen Skalierung, so wie sie von Sheppard und Kruskal einerseits und Guttman und Lingoes andererseits vorgeschlagen wurden.

Die Verfahren der multidimensionalen Skalierung sollen durch Reduzierung der Dimensionen unter Aufrechterhaltung der Ordnung der Beziehungen nicht-metrische Daten metrisch machen: aus ordinalen Ähnlichkeitsmaßen werden Distanzen in einem euklidischen Raum. Die Technik der Verfahrensweise, Paare von Punkten zufällig in einen Raum zu werfen und dann in einem iterativen Verfahren so lange hin und her zu bewegen, bis die Distanzen zwischen den einzelnen Paaren von Punkten möglichst genau den Ähnlichkeiten bzw. Verschiedenheiten der Beobachtungen entsprechen, ist dabei von der Technik der Faktorenanalyse sehr verschieden. Die Zielsetzung beider Verfahren ist jedoch ähnlich: es geht darum, die Dimensionen aufzudecken, die der beobachteten empirischen Vielfalt zugrundeliegen. Und während die Faktorenanalyse all die Voraussetzungen des generellen linearen Modells aufweist, macht die Multidimensionale Skalierung solche Annahmen über die Daten nicht. Während bei der Faktorenanalyse die Verwendung ordinaler Variablen bei strenger Interpretation der Regeln immer ein Verstoß ist, ist die Verwendung ordinaler Variablen für Multidimensionale Skalierungsverfahren legitim. Ausgangsbasis für die Multidimensionale Skalierung ist eine Matrix, die Ähnlichkeitsmaße enthält. Hinsichtlich der Art dieser Ähnlichkeitsmaße, die z.B. Korrelationskoeffizienten sein können, werden keine Annahmen gemacht. Das Verfahren zwingt dem Forscher also nicht ein bestimmtes Korrelations- oder Assoziationsmaß als das einzig legitime für dieses

Verfahren auf.

Ähnlich wie bei der Faktorenanalyse obliegt es dem Forscher zu entscheiden, wieviele Dimensionen er zur Beschreibung der empirischen Vielfalt für erforderlich und ausreichend hält. Je mehr Dimensionen eine Lösung hat, desto geringer wird tendenziell der Stress (eine Maßzahl, die die Abweichung der Reihenfolge der Distanzen zwischen den Punkten in einer bestimmten Konfiguration von der Reihenfolge der Ähnlichkeitsangaben angibt). Aber wenn die Zahl der Dimensionen der Zahl der zugrundeliegenden Variablen nahe kommt, wird der Zweck dieses Verfahrens ja verfehlt: der Forscher will ja seine Daten reduzieren und viele Beobachtungen durch wenige hypothetische Dimensionen"erklären". Bei der Entscheidung über die Dimensionalität der Lösung ist der Stress einer bestimmten Konfiguration ein wichtiges Hilfsmittel: man sollte vor einer Entscheidung über die Dimensionalität graphisch auftragen, wie hoch der Stress einer Konfiguration bei verschiedener Anzahl der Dimensionen ist. Bei sinnvollen Anwendungen der Multidimensionalen Skalierung ergibt sich in der Regel ein Knick in der resultierenden Kurve: während zunächst durch die Hinzunahme einer weiteren Dimension der Stress erheblich reduziert wird, nimmt durch die Hinzunahme weiterer Dimensionen über diesen Knickpunkt hinaus der Stress nur noch unwesentlich ab. Die Faustregel ist es also, nur die Dimensionen zuzulassen, deren Hinzunahme eine beträchtliche Verminderung des Stress bringt. Das Problem der Suboptima (local minimum) muß jedoch berücksichtigt werden. Eine Vorsichtsmaßnahme ist, die Multidimensionale Skalierung mit verschiedenen zufälligen Startkonfigurationen mehrfach durchzuführen. Bei Übereinstimmung der Ergebnisse mehrerer solcher Läufe ist die Wahrscheinlichkeit, daß nur ein Suboptimum erreicht wurde, relativ gering. Bei der Interpretation der erhaltenen Dimensionen sieht sich der Forscher indessen vor das gleiche Problem gestellt, dem er sich auch bei der Interpretation der Faktoren in der Faktorenanalyse gegenübersah. Die Interpretation der Dimensionen, die die Multidimensionalen Skalierungsverfahren ergeben, ist notwendig zu einem gewissen Grade subjektiv.

Ein Programm für Multidimensionale Skalierung (in der Version von Kruskal) ist nur in OSIRIS enthalten. Derzeit verfügt weder DATA-TEXT noch SPSS über ein entsprechendes Multidimensionales Skalierungsprogramm. Namentlich die Guttman-Lingoes-Programme sind jedoch ohne Schwierigkeiten als Einzelprogramme zu erhalten.

Bei der Entscheidung zwischen Faktorenanalyse oder Multidimensionaler Skalierung wird die Art der Daten und das Messniveau der in ihnen enthaltenen Variablen eine wesentliche Rolle spielen. Unter Umständen ist es nützlich, sowohl einen bestimmten Variablensatz zu faktoranalysieren als auch dieselben Variablen dem Verfahren der Multidimensionalen Skalierung zu unterziehen. Der Vergleich der dabei erhaltenen Ergebnisse fördert nicht nur das Verständnis für die beiden Verfahren, sondern unter Umständen auch das Verständnis für die Struktur der Beziehungen im Datensatz.

Erfahrungen mit Anwendungen des Verfahrens der Multidimensionalen Skalierung sind noch nicht sehr zahlreich; in vielen einführenden Lehrbüchern der Analyseverfahren bleibt es weitgehend unberücksichtigt. Eine Einführung in das Verfahren wird gegeben in Artikeln von Kruskal (20) und Guttman (13).

5.3 Multiple Regression

Ziel des Verfahrens der Multiplen linearen Regression ist es, eine Variable (die abhängige Variable) durch eine optimale lineare Kombination anderer (unabhängiger) Variablen vorherzusagen.

Die wesentliche Aufgabe der Regressionsanalyse ist es, eine Vorhersagegleichung zu formulieren, die mathematisch einen Satz von unabhängigen Variablen mit einer abhängigen Variablen in Beziehung setzt. Im linearen Fall kann diese Gleichung so ausgedrückt werden:

$$\hat{y} = a + b_1 \cdot x_1 + b_2 \cdot x_2 + \ldots\ldots b_n \cdot x_n$$

$\hat{y}$ ist das Zeichen für die vorhergesagten Werte auf der abhängigen Variablen und x_1 bis x_n sind die Symbole für die tatsächlichen Werte der unabhängigen Variablen. a ist eine Konstante. In den üblichen Anwendungen in der sozialwissenschaftlichen Datenanalyse sind sowohl die Werte der abhängigen Variablen wie der unabhängigen Variablen bekannt. Gesucht und vom Programm errechnet werden die Regressionskoeffiziente b_1, b_2 bis b_n und die Konstante a; durch Multiplikation der Regressionskoeffizienten mit den jeweiligen Werten der unabhängigen Variablen und Addition der Konstanten ergibt sich entsprechend der Formel die beste lineare Vorhersage von y.

Es versteht sich, daß die so gebildete Vorhersagegleichung kein durch die Daten bestätigtes Modell ist, sondern nur den Rang einer Hypothese hat, die durch Überprüfung an anderen Datensätzen erst zu bestätigen oder zu falsifizieren ist.

Häufig sind Forscher, die Regressionsverfahren anwenden, jedoch nicht so sehr an einer genauen Vorhersage der absoluten Werte der abhängigen Variablen interessiert. Dies kann der Fall sein, wenn diese entweder bedeutungslos oder nicht intuitiv bedeutsam sind. Sinnlos ist die Vorhersage von absoluten Werten, wenn die abhängige Variable nur die relative Position in einer bestimmten Population angibt, was bei ordinalen Daten der Fall ist. Ohne intuitive Bedeutung sind häufig transformierte Variablen: während die Prognose des absoluten Einkommens in DM mit bestimmten unabhängigen Variablen zu intuitiv bedeutsamen Werten führt, dürfte einer logarithmischen Transformation des Monatseinkommens in DM diese Qualität wohl abgehen. Statt auf eine Prognose der absoluten Werte der abhängigen Variablen kann sich das Interesse auf die relative Bedeutsamkeit der unabhängigen Variablen für die "Erklärung" der abhängigen Variablen richten. In diesem Fall wird der Forscher es vorziehen, mit standardisierten Variablen Regressionsmodelle zu bilden, um den Einfluß unterschiedlicher Meßeinheiten und Streuungen auszuschalten (9).

Wird nicht mit Rohwerten gerechnet, sondern mit standardisierten Variablen, fällt die Konstante fort und die b werden durch ß ersetzt, so daß die Gleichung dann die Form hat: $y = ß_1 x + ß_2 x_2 + \ldots. ß_n x_n$. Wesentlicher Vorzug der standardisierten Regressionskoeffizienten ß gegenüber den nicht-standardisierten b ist es, daß die ß leichter zu interpretieren sind, wenn es gilt, die Rangfolge der Wichtigkeit der einzelnen unabhängigen Variablen für die Vorhersage der abhängigen Variablen zu bestimmen.

Die Güte des Modells wird durch ein weiteres Ergebnis der Regressionsanalyse angegeben: durch den multiplen Korrelationskoeffizienten. Dieser Koeffizient ist identisch mit einer einfachen Korrelation zwischen den Schätzwerten $\hat{y}$ und den empirischen Werten y; der abhängigen Variablen. Das Quadrat des multiplen Korrelationskoeffizienten (r^2) gibt an, wieviel % der Streuung der abhängigen Variablen "erklärt" werden. Die Differenzen zwischen Schätzwerten und empirischen Werten $(y-\hat{y})$ werden Residuen genannt. Durch die Verfügbarkeit moderner Datenverarbeitungsanlagen ist die Berechnung und Analyse von Residuen praktisch möglich geworden; die Bedeutung der Analyse von Residuen in der Regressionsanalyse ist enorm gewachsen.

Seit die entsprechenden Programme und die notwendigen Datenverarbeitungsanlagen zur Verfügung stehen, ist wohl die beliebteste Form der Anwendung der multiplen Regressionsverfahren die multiple schrittweise Regression. Der Computer übernimmt hierbei in gewisser Weise die Rolle des Datenanalytikers, und dies ist wohl die Hauptattraktion dieser häufig falsch verwandten Technik. Der Computer ist indessen zum Datenanalytiker denkbar unbegabt. Sinnvolle Ergebnisse sind nur dann zu erwarten, wenn sinnvolle und spezifische Anweisungen gegeben werden; für multiple schrittweise Regressionen wie für alle anderen Computeranwendungen gilt, was im Jargon das GIGO-Prinzip (garbage in - garbage out) genannt wird. Die leider allzu übliche Vorgehensweise bei der Anwendung dieses Verfahrens ist in Wirklichkeit weder Testen von Hypothesen oder Modellen noch Datenanalyse im eigentlichen Sinne, sondern ein Tappen im Dunkel, das durch Computereinsatz systematisiert wird. Aber auch systematisches Tappen im Dunkel ist in der Regel nicht sonderlich erhellend.

Alle Systeme geben dem Forscher jedoch die Möglichkeit, solche schrittweisen Verfahren sinnvoll einzusetzen, indem sie durch Wahl bestimmter Optionen den Ablauf in geeigneter Weise bestimmen. Ebenfalls können die Regressionsprogramme der Systeme für die Konstruktion kausaler Modelle (z.B. Pfadanalyse)verwandt werden.

Bevor auf einige der wichtigsten Fehlerquellen bei der Interpretation von Regressionsanalysen eingegangen wird und Hinweise auf die einzelnen Optionen gegeben werden, sei der Ablauf explorativer schrittweiser multipler Regressionen kurz beschrieben: der Forscher benennt eine oder mehrere Variablen, an denen er besonders interessiert ist, als abhängige Variable. Sodann spezifiziert er eine ganze Reihe anderer Variablen, von denen er vermutet, daß sie in irgendeiner Weise zu der abhängigen Variablen in Beziehung stehen könnten und erklärt diese Variable zu unabhängigen Variablen. Die entsprechenden Programme instruieren den Computer, Schritt für Schritt aus den unabhängigen Variablen jeweils die

Variable auszuwählen, die die abhängige Variable am besten vorhersagt. Aus der Reihe der unabhängigen Variablen wird im ersten Schritt diejenige ausgesucht, die die beste Vorhersage der abhängigen Variablen zuläßt (oder, mit anderen Worten, die am höchsten mit der abhängigen Variablen korreliert).
Im zweiten Schritt wird dann die nächstbeste Variable ausgesucht, die zusammen mit der ersten Variablen, die bereits Teil des Regressionsmodells ist, die beste Schätzung der abhängigen Variablen zuläßt. Und dies Verfahren wird Schritt für Schritt fortgesetzt, bis eine bestimmte Stop-Bedingung erreicht ist. Diese Stop-Bedingung ist entweder vom Programm vorgegeben oder vom Forscher eingesetzt. Dies kann z.B. eine Maximalzahl erlaubter unabhängiger Variablen sein, oder ein Signifikanzkriterium, oder ein bestimmtes Minimum des Zuwachses der gesamten Varianzerklärungskraft der Gleichung durch Zunahme einer weiteren unabhängigen Variablen.

Scheinbar werden also die erklärenden Variablen nicht mehr subjektiv nach irgendwelchen Kriterien vom Forscher bestimmt, sondern ganz objektiv vom Computer nach ihrem Beitrag zur Erklärung der abhängigen Variablen ausgewählt. Zusätzlich wird noch eine Rangfolge der Wichtigkeit dieser Variablen geliefert. Ein solch "blindes" Vorgehen wäre tatsächlich objektiv und legitim, wenn neben einigen anderen Voraussetzungen die Orthogonalität der unabhängigen Variablen gegeben wäre. Nur wenn die möglichen unabhängigen Variablen tatsächlich vollständig unabhängig voneinander wären, könnten die ß-Werte der unabhängigen Variablen als eindeutiges Kriterium für den Beitrag jeder einzelnen Variablen zur Erklärung des zu erklärenden Phänomens gelten.

Diese Orthogonalität der unabhängigen Variablen ist jedoch in den meisten Daten, die Sozialforscher zu analysieren haben, nicht gegeben. Meistens sind die unabhängigen Variablen in verschiedenen Ausmaßen miteinander korreliert. Das Problem der Nicht-Orthogonalität der unabhängigen Variablen, auch Multikollinearität genannt, muß in seinen Auswirkungen verstanden sein, wenn von den Verfahren der multiplen Regression sinnvoll Gebrauch gemacht werden soll. In welchem Umfang das Problem der Multikollinearität vorliegt, ist auch aus den Ausdrucken blindlings angewandter multipler schrittweiser Regressionsanalysen erkennbar.

Wären alle unabhängigen Variablen miteinander nichtkorreliert, also orthogonal, dann wären einfache und partielle Regressionskoeffizienten miteinander identisch. Je größer die Differenz zwischen einfachen Korrelationskoeffizienten r und dem partiellen Regressionskoeffizienten ß, desto größer ist das Problem der Multikollinearität. Ein anderer Weg, das Ausmaß der Multikollinearität in den Daten zu erkennen, ist folgender: man addiere die Quadrate der einfachen Korrelationskoeffizienten und vergleiche die Summe mit dem Quadrat des multiplen Korrelationskoeffizienten. Bei fast allen sozialwissenschaftlichen Daten ist die erstere Summe erheblich größer als R^2, also der Anteil der Varianz in der abhängigen Variablen, der durch die unabhängigen Variablen zusammen erklärt wird. Um es an einem Beispiel anschaulich zu machen: abhängige Variable, die geschätzt werden soll, sei eine Intervallskala, die die Haltung des Befragten zu einer Steuererhöhung ausdrückt. Unabhängige Variablen seien Einkommen, Schulbildung und Beruf des Befragten. Wenn die Korrelation zwischen jeder dieser unabhängigen Variablen und der abhängigen Variablen r = 0,5 wäre, also jede dieser unabhängigen Variablen für sich 25 % in der Varianz der abhängigen Variablen "erklärte" , so wäre doch nicht zu erwarten, daß alle 3 unabhängigen Variablen zusammen ein multiples R^2 von 0,75 erreichten, also zusammen 75 % der Varianz in der abhängigen Variablen "erklärten". Denn Schulbildung, Einkommen und Beruf des Befragten sind ja in erheblichem Umfang miteinander korreliert. Gleichgültig, welche dieser Variablen man als erste in einer schrittweisen Regression auswählte, würde die Präzision unserer Schätzung der abhängigen Variablen durch diese zweite Variable weniger zunehmen, als nach dem Wert der einfachen Korrelation zwischen unabhängiger und abhängiger Variable zu vermuten wäre. Denn die Informationen, die uns diese drei Variablen über einen Befragten bringen, überlappen sich zum Teil. Da Schulbildung und Beruf miteinander in Beziehung stehen, ist, wenn wir den Beruf eines Befragten bereits wissen, der Wert dieses Befragten für die Variable Schulbildung keine völlig neue Information mehr für uns. Und wenn wir bereits Schulbildung und Beruf des Befragten kennen, ist der Informationszuwachs für uns, wenn wir sein Einkommen erfahren, wesentlich geringer, als wenn wir nichts über den Befragten wüßten und dann sein Einkommen erführen. Wenn die Beziehungen so sind, wie in diesem Beispiel, dann besagt die Reihenfolge der Auswahl der unabhängigen Variablen in einem schrittweisen Regressionsprogramm ebensowenig über die wahre Bedeutsamkeit der unabhängigen Variablen, wie sich aus den β-Koeffizienten eine Rangfolge der Wichtigkeit der unabhängigen Variablen für eine Erklärung der abhängigen ablesen läßt.

In den meisten Anwendungen von solchen schrittweisen Regressionsverfahren in der Sozialforschung bleibt es also Aufgabe des Forschers, unter Rekurs auf theoretische Konzepte die relevanten Variablen und die Rangfolge ihrer Bedeutsamkeit zu bestimmen. Dabei ist zu beachten, daß die genaue Bestimmung der "eigenen" Erklärungskraft einer unabhängigen Variablen, die gemeinsam mit anderen unabhängigen Variablen einen wesentlichen Beitrag zur Erklärung leistet, oft auch nicht von theoretischem Interesse ist. Wenn wir in dem eben genannten Beispiel unterstellen, daß Statusinkonsistenz relativ selten auftritt, wäre es theoretisch unfruchtbar, für diese Population den je einzelnen Beitrag von Schulbildung, Einkommen und Beruf zur Erklärung durch die Bestimmung verborgener, "wahrer" β-Koeffizienten zu suchen (12).

In der Regel sind die unabhängigen Variablen nicht orthogonal zueinander; wären sie es, wäre eine multiple Regression im Grunde auch trivial und nicht erforderlich. Betont sei, daß multiple Regressionen in der Praxis nur dann sinnvoll sind, wenn man sich bei der Interpretation nicht ausschließlich auf einen bestimmten Typ von Koeffizienten oder die Abfolge der Schritte stützt, sondern zur Interpretation alle relevanten Koeffizienten (einschließlich der Korrelation der unabhängigen Variablen miteinander) heranzieht. Hierzu ist eine gründliche Kenntnis sowohl des Verfahrens der multiplen Regression als auch der Daten und der Theorien erforderlich, die mit dem Verfahren geprüft oder aufgestellt werden sollen.

Ein Warnzeichen für zu große Korrelationen zwischen den unabhängigen Variablen ist es, wenn β-Koeffizienten Werte über 1 annehmen. Tritt diese Bedingung auf, sind auch alle übrigen Koeffizienten der Gleichung nicht sinnvoll interpretierbar. Unabhängige Variablen, die fast vollständig (positiv oder negativ) miteinander korrelieren, sollten deswegen nicht gleichzeitig als unabhängige Variablen spezifiziert werden. Wenn also z.B. in ökologischen Analysen deutscher Gemeinden neben anderen Variablen auch sowohl Katholiken- wie Protestantenanteil an der Wohnbevölkerung zur Vorhersage von Parteistimmanteilen als potentielle unabhängige Variablen zugleich Teil einer Regressionsgleichung werden können, sind selten sinnvolle Ergebnisse zu erwarten.

Für solche Fälle wissen Praktiker Auswege, die die Verwendung von Verfahren der multiplen Regression und die sinnvolle Interpretation der Ergebnisse möglich machen. Verfällt man auf diese Auswege, zeigt dies allerdings an, daß die theoretische Dignität der ursprünglichen Überlegungen nicht besonders ausgeprägt war. So könnte z.B. die Zahl der potentiellen unabhängigen Variablen reduziert werden, indem aus jedem Bündel unabhängiger Variablen, die miteinander sehr stark korrelieren, jeweils nur eine Variable als Kandidat für eine multiple schrittweise Regression genommen werden. Oder man könnte verschiedene unabhängige Variablen, die erheblich miteinander korrelieren, zu einer Skala oder einem Index zusammenfassen; so könnte man z.B. die unabhängigen Variablen Einkommen, Schulbildung und Beruf durch einen Schichtindex ersetzen, der aus diesen Variablen gebildet wird. Oder man könnte die Variablen, die als unabhängige Variablen berücksichtigt werden sollen, einer Faktorenanalyse unterziehen und anstelle der einzelnen Variablen die Faktorenwerte für die Einheiten der Analyse als unabhängige Variablen in das Regressionsprogramm eingehen lassen, deren Orthogonalität durch das Verfahren der Faktorenextraktion oder Faktorenrotation verbürgt wäre. Freilich würde mit letzterem Verfahren das Interpretationsproblem nicht gelöst, sondern unter Umständen nur auf eine andere Ebene verschoben.

Alle Datenanalysesysteme bieten in ihrem Regressionsprogramm hinreichend Möglichkeit für den Forscher, die Reihenfolge der Berücksichtigung der unabhängigen Variablen zu beeinflussen oder zu bestimmen. Dabei kann die Reihenfolge sowohl vollständig vorherbestimmt werden als auch nur die Auswahl unabhängiger Variablen eingeschränkt werden. Die entsprechenden Optionen für DATA-TEXT und SPSS sind in Tabelle 4 dargestellt. Aus der Fülle denkbarer sinnvoller Verwendungsmöglichkeiten sei nur ein einziges Beispiel gegeben: aus vorherigen Untersuchungen und theoretischen Überlegungen bestimmt ein Forscher einige wenige Variablen als ein bestimmtes Phänomen erklärend; ein entsprechendes Modell wird spezifiziert. Zur Erklärung der Demonstrationsteilnahme von Studenten z.B. seien die wichtigsten Variablen politische Einstellungen des Elternhauses, Studienfach und Berufsorientierung (1). Diese unabhängigen Variablen werden durch

Wahl der entsprechenden Option im ersten Schritt Teil der Vorhersagegleichung. Zur Prüfung, ob dies tatsächlich die wichtigsten unabhängigen Variablen waren oder ob die Erklärungskraft des Modells durch Hinzunahme weiterer Variablen wesentlich gesteigert werden kann, können dann in den folgenden Schritten andere in entsprechenden Untersuchungen enthaltenen Variablen nach den Regeln des Verfahrens schrittweise hinzugenommen werden. Wenn r^2 dadurch gegenüber dem ersten, "erzwungenen" Schritt wesentlich erhöht wird, ist das Modell zu revidieren; ist die Zunahme von r^2 nur unbeträchtlich, deutet dies darauf hin, daß das Modell die wichtigsten unabhängigen Variablen bereits enthält und die Auslassung weiterer Variablen jedenfalls nach dem Kriterium der Varianzerklärung legitim war. Ebenfalls können eine Reihe von Stop-Bedingungen vom Forscher bestimmt werden. Dazu gehört sowohl die Zahl der Schritte, die bei einer schrittweisen Regression erlaubt werden, als auch die Spezifikation von Signifikanz- und Toleranzniveaus, die verlangt werden.

Für das Meßniveau der Variablen, die in eine Regression eingehen, gelten die gleichen Regeln wie für die Berechnung von Produktmomentkorrelationskoeffizienten. Wie immer sind normalverteilte Intervallskalen unproblematisch. Ebenfalls ist es vertretbar, ordinale Variablen zu verwenden, wenn für sie vernünftige numerische Codes vergeben wurden. Wenn nominale Werte verwandt werden sollen, müssen sie zuvor zu dichotomen Variablen transformiert werden. Die Zahl der Dummy-Variablen mit den Werten 0 oder 1 (Ausprägung gegeben bzw. Ausprägung nicht gegeben) entspricht dabei der Zahl der Kategorien einer nominalen Variablen -1. Die Verwendung solcher Dummy-Variablen zwecks Berücksichtigung nominaler Merkmale als unabhängige Variable ist inzwischen einigermaßen gebräuchlich. Ob solche dichotomen Dummy-Variablen als abhängige Variablen jedoch sinnvoll und zulässig sind, darüber haben die anwendenden Statistiker noch keine Einig-

Tab. 4 Einige Anweisungen zur Steuerung der multiplen Regression in DATA-TEXT und SPSS

DATA-TEXT:	
NO MISSOB	alle Fälle mit einem BLANK in einer der Variablen werden nicht berücksichtigt
ORDER FIRST n	zwingt die unabhängigen Variablen in der angegebenen Reihenfolge bis zur n-ten Variablen in die Vorhersagegleichung; wenn n erreicht ist, werden schrittweise die jeweils am "besten" vorhersagenden weiteren Variablen hinzugenommen
INCR2=d	stoppt die Regression, wenn die Hinzunahme der nächstbesten unabhängigen Variablen weniger als den spezifizierten Bruchteil d an Varianz zusätzlich erklärt
PROB=d	stoppt Regression, wenn zusätzliche Variable nicht auf dem Niveau d signifikant sind
PIVOT=d	stoppt Regression, wenn die Korrelation zwischen der nächsten Variablen und den unabhängigen Variablen, die bereits Teil der Gleichung sind, die durch das "pivot element" gesetzte Schwelle überschreitet ($d=1 - R_i^2$, wobei R_i^2 das Quadrat des multiplen Korrelationskoeffizienten zwischen den unabhängigen Variablen, die in der Gleichung sind, und der nächsten unabhängigen Variablen ist)
SPSS:	
Inclusion level	für jede der unabhängigen Variablen ist ein inclusion level zu bestimmen, durch den eine bestimmte Reihenfolge erzwungen werden kann; bei ungerader Zahl des inclusion levels wird schrittweise die jeweils "beste" Variable dieses Einschlußniveaus Teil der Gleichung, bei gerader Zahl werden alle Variablen mit gleichem Einschlußniveau Teil der Gleichung
No of Steps	setzt die maximale Zahl der Schritte, nach denen gestoppt wird
F-level	setzt das minimale Signifikanzniveau für unabhängige Variablen (Stopbedingung)
tolerance level	stoppt Regression bei zu hoher Korrelation der unabhängigen Variablen (siehe oben PIVOT)

keit erzielt.

Sind eine Vielzahl von unabhängigen Variablen nominal, dann ist die Bildung von Dummy-Variablen durch Variablentransformation sehr arbeitsaufwendig. Für diesen Fall vieler nur nominaler unabhängiger Variablen bietet sich, wenn nicht überhaupt eine Varianzanalyse durchgeführt werden soll, ein Unterprogramm von OSIRIS an: das Programm multiple classification analysis (MCA) verlangt bei den unabhängigen Variablen nur nominales Messniveau und bei der abhängigen Variablen entweder, daß es sich um eine Intervallskala handelt, oder aber um eine Dichotomie (0 oder 1), deren Mittelwert sinnvoll als Proportion interpretierbar ist. Nur falls die Verteilung der abhängigen Variablen extrem schief ist, ist zur Vorsicht bei der Verwendung dieses Programms zu raten. MCA erspart dabei gegenüber anderen multiplen Regressionsverfahren nicht nur die Variablentransformation zu Dummy-Variablen, sondern liefert darüber hinaus noch eine Anzahl sehr nützlicher statistischer Maßzahlen. Dazu gehören der Koeffizient eta (ein "Korrelationskoeffizient" ohne Vorgabe einer linearen Regel), der konzeptionell gewissermaßen dem einfachen Korrelationskoeffizienten entspricht, ein ß-Wert für die einzelnen Kategorien und den multiplen Korrelationskoeffizienten r und R^2, das als Prozentsatz der erklärten Varianz an der Gesamtvarianz an der abhängigen Variablen interpretierbar ist. Welche Vorgehensweise bei der multiplen Regression jedoch auch gewählt wurde, ob nur explorativ und mit Computerhilfe im Dunkel tappend schrittweise vorgegangen oder ob ein komplexes Pfadanalysemodell gebildet wurde, immer ist zu beachten, daß das Ergebnis der Analyse zunächst nur Hypothesencharakter hat. Viel zu oft wird so getan, als handle es sich um bestätigte Modelle. Die Grundregel, daß eine Hypothese oder ein Modell nicht an einunddemselben Datenbestand formuliert und überprüft werden kann, ist wohl die elementare Regel, gegen die in der Praxis am häufigsten verstoßen wird.

Damit ein solches Modell als bestätigt gelten kann, muß es an einem anderen Datenbestand, der die gleichen Variablen enthält, geprüft werden. Mit den Datentransformationsroutinen der Systeme können die Vorhersagegleichungen gebildet und die aufgrund des Modells geschätzten Werte in die Datei, die zur Überprüfung benutzt wird, eingebracht werden: das Quadrat der Korrelation dieser Schätzwerte mit den empirischen Werten der abhängigen Variable ist dann erst als Gütekriterium für Regressionsmodelle verwendbar.

5.4 Kontrastgruppenanalyse (tree analysis)

Dem Verfahren der Kontrastgruppenanalyse (auch "tree analysis" oder "automatischer Interaktionsdetektor" genannt) kommt nach der statistischen Theorie keineswegs ein auch nur annähernd vergleichbarer Rang zu wie Verfahren der Faktorenanalyse oder der multiplen Regression. Indessen ist es ein sehr gebräuchlich gewordenes Verfahren; es wird wohl am meisten genannt, wenn es darum geht, ein typisches Beispiel für die Anwendung des Computers bei der Analyse von Daten der Sozialforschung zu nennen. Die meisten Anwendungen des Verfahrens der Kontrastgruppenanalyse entsprechen dabei weitgehend der dargestellten naiven Verwendung der multiplen schrittweisen Regression. Der wesentliche Unterschied zur multiplen schrittweisen Regression ist dabei, daß der Prozess der Hinzufügung zusätzlicher Variablen zur Erklärung sich je nach dem Wert unterscheidet, den eine Gruppe von Analyseeinheiten bei der vorherigen, zuvor eingeführten unabhängigen Variablen aufweist.

Voraussetzungen hinsichtlich des Messniveaus der "unabhängigen" Variablen hat die Kontrastgruppenanalyse nicht. Sowohl Intervall wie Ordinal - wie Nominalskalen sind zulässig. Die abhängige Variable muß eine Intervallskala oder eine dichotome Variable sein, deren Mittelwert als Proportion interpretierbar ist.

Das Programm geht schrittweise vor: zur Erklärung einer abhängigen Variablen sucht das Programm aus einer Liste potentieller unabhängiger Variablen diejenige Variable aus, die die Werte der abhängigen Variablen am besten "vorhersagt" Das Sample wird nach seinem Wert auf der unabhängigen Variablen in zwei Gruppen aufgeteilt, in eine Gruppe, in der der Mittelwert der abhängigen Variablen besonders hoch sein soll, und eine andere Gruppe, in der der Mittelwert der abhängigen Variablen besonders niedrig sein soll. Jede der beiden so gebildeten Gruppen wird nun in gleicher Weise behandelt wie zunächst die Grundgesamtheit. Von allen unabhängigen Variablen wird jetzt wieder die Variable gesucht, die am besten die Werte der abhängigen Variablen in der jeweiligen Gruppe vorhersagt. Die zwei Gruppen, die das Ergebnis des ersten Schritts waren, werden wiederum in neue Gruppen geteilt.

Es können also verschiedene Variablen zur Teilung von logisch auf gleicher Ebene stehenden Gruppen herangezogen werden. Angenommen, die erste Teilung wäre eine Unterteilung des Samples einer Umfrage in Männer und Frauen, so wäre es ohne weiteres möglich, daß die Frauen nach Konfession unterteilt würden und die Männer nach Beruf. Ein wichtiger Unterschied zur schrittweisen multiplen Regression liegt u.a. darin, daß der Verzweigungsprozess nicht symmetrisch ist. Auf diese Weise ist es also möglich, mit diesem Programm bestimmte Typen von Interaktionseffekten zu entdecken. Der Anspruch der Autoren des Programms, der sich in der Bezeichnung "Automatic Interaction Detector" ausdrückt, wird jedoch vom Programm nicht voll eingelöst; denn es können mit diesem Programm nur Interaktionseffekte entdeckt werden, wenn eine der beteiligten Variablen allein sich als Teilungskriterium durchsetzt. Die Abkürzung AID beschreibt indessen zutreffend, zu welchem Zweck das Programm meistens verwendet wird: angesichts der Daten- und Beziehungsfülle ratlos, wendet sich der Forscher hilfesuchend an den Computer.

Bei der graphischen Darstellung der Ergebnisse ergibt sich die Struktur eines Baumes (deswegen auch tree-analysis). Eine graphische Darstellung des Ergebnisses wird von der Version des Programms, die in OSIRIS enthalten ist, mit dem Ergebnis als Standardbedingung mitgeliefert. Ein Beispiel ist in Schaubild 16 gezeigt.

Das Problem der Multikollinearität stellt sich für die Kontrastgruppenanalyse ähnlich wie für die multiple Regression. Es wird jedoch vom Verfahren der Kontrastgruppenanalyse in gewisser Weise umgangen, indem das Ausmaß des Problems nicht ausgewiesen wird. Vor der inhaltlichen Interpretation eines solchen Baums ist es zweckmäßig, bei jeder Verzweigung zu prüfen, welche anderen Variablen als nächstbeste Variablen in Frage kamen. Je kleiner der Abstand zwischen der gewählten und der zweitbesten Variable hinsichtlich des Teilkriteriums (Maximierung der Streuung zwischen den Gruppen, "between sum of squares (BSS)") desto größer ist die Multikollinearität, die eine Interpretation der Ergebnisse erschwert. Die Abhilfemaßnahmen entsprechen weitgehend denen, die im vorigen Abschnitt über die multiple Regression genannt wurden.

5.5 Analyse von Residuen

Die Möglichkeit der Analyse von Residuen von Regressionsanalysen ist vielleicht die dramatische Erweiterung der Analysemöglichkeiten auf diesem Gebiet, die durch die Verfügbarkeit von Großrechenanlagen und entsprechenden Programmen geschaffen wurde. Die Analyse der Residuen ist eines der besten Mittel, die Angemessenheit eines Regressionsmodells zu überprüfen. Von den vielfältigen Möglichkeiten, die ausführlich z.B. von Anscomb und Tukey (6) diskutiert werden, wollen wir an dieser Stelle zwei herausgreifen: die Möglichkeit der Verbesserung des Regressionsmodells

Abb. 16 Graphischer Ausdruck des Ergebnisses einer Kontrastgruppenanalyse: CDU-Wahlabsicht in Abhängigkeit von demographischen Merkmalen

Legende:

abhängige Variable ist CDU-Wahlabsicht
(0 nicht CDU, 1 CDU)

YBAR ist der Mittelwert der abhängigen Variablen in der jeweiligen Teilgruppe

N ist die Fallzahl der Teilgruppe

SDEV ist die Standardabweichung der

durch a) Umformulierung des Modells und/oder b) Bereinigung der Daten.

Zur Analyse der Residuen besonders geeignet ist ihre graphische Darstellung in zweidimensionalen Streuungsdiagramm (siehe 4.4). Sehr sinnvoll ist es, etwa mit Hilfe des SCATTERPLOT-Programms von OSIRIS oder Plot Routine von DATA-TEXT die gemeinsame Häufigkeitsverteilung von Residuen und Schätzwerten darzustellen. Wenn das Regressionsmodell korrekt war, darf hier kein Muster der Beziehungen erkennbar sein. Wenn dagegen bis zu einem bestimmten Wert der Schätzwerte die Residuen überwiegend im positiven Bereich und jenseits dieses Wertes des Schätzwertes, die Residuen überwiegend im negativen Bereich sich befinden, ist dies ein sicheres Anzeichen dafür, daß die wirkliche Beziehung kurvilinear ist und das lineare Regressionsmodell den Daten nicht gerecht wurde.

Die Residuen sind ebenfalls auf extrem hohe, abweichende Werte (outliers) zu prüfen. Unter Umständen handelt es sich hierbei, wie eine genauere Untersuchung der entsprechenden Fälle erweisen kann, um Lochfehler, die korrigiert werden oder aus der Analyse entfernt werden müssen, um die Prognosekraft des Modells zu verbessern. Es ist nämlich zu bedenken, daß beim Verfahren der Minimierung der Quadratsumme der Abweichungen extrem abweichende Fälle ganz besonders ins Gewicht fallen und so den möglicherweise "richtigen" Verlauf der Regressionsgraden erheblich stören können. Handelt es sich um eine ganze Gruppe von Analyseeinheiten, die besonders hohe Werte von Residuen aufweisen, empfiehlt es sich, diese Gruppen daraufhin zu untersuchen, ob die Zusammenhänge der Variablen in dieser Gruppe von Analyseeinheiten möglicherweise anders sind als in der Mehrzahl der Fälle. In diesem Fall tut der Analytiker gut daran, zwei getrennte Analysemodelle für die jeweiligen Gruppen von Analyseeinheiten aufzustellen, deren Schätzgenauigkeit dann wesentlich höher sein wird als ein einziges Modell für einen heterogenen Datenbestand, der sich aus ganz verschiedenen Gruppen zusammensetzt.

Die technisch eleganteste Lösung für die Analyse von Residuen bietet DATA-TEXT. Mit der Option WRITE RESID oder SAVE RESID wird eine Datei erstellt, die Schätzwerte, empirische Werte, Residuen und standardisierte Residuen enthält. Diese können dann in demselben DATA-TEXT-Programm z.B. durch Streuungsdiagramme zueinander in Beziehung gesetzt werden. Ebenso ist es möglich, diese einfach mit Hilfe der UPDATE-Funktion den ursprünglichen Datenbestand hinzuzufügen und zu anderen Variablen (etwa einzelnen unabhängigen Variablen) in Beziehung zu setzen. Wer mit SPSS arbeitet, muß das Ergebnis der Regressionsanalyse abwarten. Danach kann er mit Hilfe von COMPUTE-Karten die Regressionsgleichung bilden und die Schätzwerte ermitteln; durch Subtraktion der Schätzwerte von empirischen Werten erhält er die Residuen. Dabei ist darauf zu achten, daß mit Hilfe von IF-Anweisungen fehlende Werte bei der Transformation berücksichtigt werden. Denn die Deklaration von Werten als fehlend wird in SPSS vom System nicht während der Datentransformation beachtet. Durch diese Transformation werden Residuen wie Schätzwerte automatisch Teil eines SPSS-File und können dementsprechend weiter analysiert werden.
Eine ähnliche Strategie empfiehlt sich bei OSIRIS; Residuen können zwar vom Regressionsprogramm (übrigens auch von AID) ausgegeben werden, aber mit diesen müßte zunächst ein OSIRIS-File gebildet werden, dann wäre das Programm File-Merge aufzurufen und erst danach könnte man z.B. mit Hilfe des Programms SCATTERPLOT die Residuen graphisch darstellen. Für die meisten Benutzer wird es deswegen einfacher sein, mit Hilfe von ICON durch Konstruktion der Regressionsgleichung, so wie sie dem Ausdruck des Regressionsprogramms zu entnehmen ist, die Schätzwerte zu ermitteln und danach durch Subtraktion dieser von den ursprünglichen Variablen

die Residuen zu bilden, die dann in einem zweiten Schritt z.B. mit SCAT analysiert werden können.

5.6 Technisches Vorgehen bei Kausalanalysen

Wer die Methode der Pfadanalyse verstanden hat, wird ohne Schwierigkeiten mit Hilfe der Regressionsprogramme die in den hier diskutierten Datenanalysesystemen enthalten sind, die notwendigen Pfad-Koeffizienten erhalten. Vorausgesetzt, das kausale Modell, das er untersuchen will, ist rekursiv. Für nicht-rekursive kausale Systeme scheinen die Regressionsprogramme nicht unmittelbar geeignet; jedenfalls gibt keines der Handbücher Hinweise darauf, wie man die erforderlichen Werte für nicht-rekursive Systeme mit Hilfe dieser Programme ermitteln kann. Die Analyse nicht-rekursiver kausaler Modelle mit Hilfe dieser Datenanalysesysteme ist jedoch nicht schwieriger als die Analyse von Residuen. Ohne die Konstruktion nicht-rekursiver kausaler Systeme hier im einzelnen zu erläutern und das Schätzverfahren (two-stage-least-squares) zu begründen, sei zu der technischen Realisierung in diesen Systemen folgendes erläutert: im DATA-TEXT-System ist die Analyse nicht-rekursiver kausaler Systeme in einem einzigen Lauf ohne weiteres möglich. Im ersten Teil des Laufes werden die exogenen Variablen als unabhängige Variablen der Regression definiert; mit der Option SAVE RESID werden die Schätzwerte der endogenen Variablen (z.B. auf einer Platte) zwischengespeichert und dann durch Aufruf der UPDATE-Funktion im zweiten Teil des Programms dem ursprünglichen DATA-TEXT-File hinzugefügt. Die Ermittlung der Koeffizienten für die Beziehungen zwischen den endogenen Variablen des Systems geschieht, indem die empirischen abhängigen Variablen auf die ermittelten Schätzwerte der unabhängigen Variablen innerhalb des Systems und gegebenenfalls auf die empirischen Werte der exogenen Variablen regrediert werden.
Bei SPSS und OSIRIS ist im Prinzip mit der gleichen Logik vorzugehen. Allerdings muß das Ergebnis des ersten Laufs

für die Schätzung der endogenen Variablen gewartet werden. Erst danach können mit Hilfe der entsprechenden Datentransformationsmöglichkeiten (siehe 5.5) die Schätzwerte der Variablen der Datei hinzugefügt und für die zweite Regression zur Ermittlung der in das nicht-rekursive kausale System einzusetzenden Koeffizienten benutzt werden.

6. Neue Möglichkeiten der Datenanalyse

Die Möglichkeit, mit hoher Geschwindigkeit und geringen Kosten Daten anders zu organiseren, hat Vorgehensweisen der Datenanalyse möglich gemacht, die vor der Verfügbarkeit von Großrechenanlagen kaum denkbar waren. Hierzu gehören Gewichtung der Fälle, Aufteilung von Stichproben, Analyse von Residuen und Mehrebenenanalyse.

6.1 Gewichtung

Häufig will man nicht nur eine bestimmte Grundgesamtheit mit einer Stichprobenerhebung beschreiben, sondern auch zu Aussagen gelangen, die für Teilgruppen repräsentativ sind. Da die Größe der Stichprobe in der Regel durch Kostenüberlegungen nach oben begrenzt war, schlossen die Ziele der Repräsentativität für eine Stichprobe und der Zuverlässigkeit der Daten für Aussagen kleine Teilgruppen der Grundgesamtheit tendenziell gegenseitig aus. Eine konventionelle Stichprobe von 2000 Befragten, so wie sie in der Meinungsforschunb üblich ist, wäre sicherlich dazu geeignet, Aussagen über die Verteilung einer bestimmten Einstellung in der Bevölkerung der BRD zu machen, ließe es jedoch nicht zu, etwa den Einfluß von höherer Schulbildung auf eben diese Einstellungen genauer zu untersuchen; denn die Fallzahlen in der Gruppe derjenigen mit höherer Schulbildung wäre so klein, daß eine analytische Aufgliederung dieser Gruppe für weitergehende Analysen nicht mehr möglich wäre. Die Stichprobe zu vergrößern, um zu einer größeren, aufgliederungsfähigen Teilgruppe von Befragten mit höherer Schulbildung zu kommen, wäre dann zu aufwendig. Durch Vervielfachung der Zahl der Befragungspersonen mit höherer Schulbildung würde jedoch die Repräsentativität der Stichprobe für die Grundgesamtheit "Bevölkerung der BRD" in Frage gestellt.

Ein Ausweg aus diesem Dilemma ist die Gewichtung der Befragten. Es wäre also möglich, eine Stichprobe zu ziehen und dabei systematisch nach bestimmten Kriterien die Mitglieder von besonders großen Teilgruppen unterdurchschnittlich zu repräsentieren und die Zahl der Mitglieder interessierender kleiner Teilgruppen zu vervielfachen. Die Repräsentativität der Gesamtstichprobe könnte dann dadurch hergestellt werden, daß jedem Fall ein Gewicht zugewiesen wird; hat man z. B. die Zahl der Befragungspersonen mit höherer Schulbildung verdoppelt, so kann man all diesen Befragten ein Gewicht von 0,5 zuweisen, sinngemäß für alle übrigen Gruppen entsprechende Werte der Gewichtungsvariablen vorsehen und diese Gewichtungszahlen dann bei der Auszählung berücksichtigen, so daß Aussagen ermöglicht würden, die für die Grundgesamtheit repräsentativ sind.

Durch verschiedene Gewichtung der Stichprobe wird es auch möglich, mit einer Stichprobe repräsentative Aussagen über verschiedene Grundgesamtheiten zu machen, wenn das Ziehen der Stichprobe entsprechend durchgeführt wurde. Einmal könnte beabsichtigt sein, repräsentative Aussagen über die Grundgesamtheit "Haushalte der BRD" zu machen; durch Umgewichtung der Haushaltsstichprobe wäre es (Angemessenheit der Auswahl der Zielperson im Haushalt vorausgesetzt) möglich, Repräsentativität für die Grundgesamtheit "Wohnbevölkerung der BRD über 16 Jahre" zu erreichen.

In der Praxis der Umfrageforschung ist allerdings häufig auch aus anderen Gründen eine Gewichtung der Daten erforderlich: weil bestimmte Gruppen von Personen von den Interviewern der Marktforschungsinstitute leichter zu erreichen sind als andere, würden ohne Gewichtung die Stichproben durch die nicht zufällige Natur der Ausfälle systematisch verzerrt. Bei vielen Marktforschungsinstituten, die noch mit Fachzählsortiermaschinen arbeiten oder solche obsoleten Verfahrensweisen ins Computerzeitalter übernommen haben, ist es deswegen üblich, nach einem Zufallsverfahren eine bestimmte

Anzahl von Lochkarten unterrepräsentierter Personengruppen zu doppeln und möglicherweise nach einem Zufallsverfahren Lochkarten für überrepräsentierte Personengruppen zu entfernen. Dies bedeutet natürlich einen erheblichen Informationsverlust. Andere Verfahrensweisen waren aber praktisch nicht möglich, solange man auf Fachzählsortiermaschinen zur Datenanalyse und zum Datenmanagement angewiesen war. Datenanalysesysteme ermöglichen es, Gewichtungsvariablen zu bilden, die die Sollgröße bestimmter Teilgruppen in einem Sample zur Istgröße in Beziehung setzen, und durch Berücksichtigung dieser Gewichtungsvariable bei den Auswertungen die Repräsentativität der Stichprobe für die Grundgesamtheit herzustellen. Voraussetzung für dieses Verfahren ist allerdings, daß die Mitglieder der schwerer erreichbaren Teilgruppen der Stichprobe, die tatsächlich befragt wurden, hinsichtlich der erhobenen Variablen für diese Teilgruppe repräsentativ sind und daß die Gründe der Nichterreichbarkeit nicht in einer Beziehung zu den erhobenen Merkmalen stehen.

Beim Bilden der Gewichtungsvariablen ist darauf zu achten, daß sich der Mittelwert dieser Variablen nicht wesentlich von 1 unterscheidet. Andernfalls zeigen die Ausdrucke der entsprechenden Analyseverfahren Fallzahlen, die wesentlich größer oder wesentlich kleiner sind als die tatsächliche Zahl der Befragten. Wenn in einem Ausdruck die Befragtenzahl ganz überraschende Größen annimmt, ist es zweckmäßig, zunächst die Gewichtungsvariable zu überprüfen.

Sollen Aussagen über die Signifikanz von Ergebnissen gemacht werden, darf die gewichtete Stichprobe nicht behandelt werden, als sei sie eine gewöhnliche Stichprobe. Bei der Berechnung von Signifikanzmaßen muß vielmehr die Zahl der Fälle der Stichprobe für das jeweilige Gewichtungsverfahren korrigiert werden. Ist beabsichtigt, präzise Aussagen über die Signifikanz von Ergebnissen aus gewichteten Stichproben zu machen, empfiehlt es sich, einen kompetenten Statistiker zu konsultieren. Wird dasselbe Datenanalysesystem im selben Schritt zur Gewichtung und zur Analyse einer Stichprobe benutzt, muß der Benutzer des Systems ohnehin Signifikanzangaben selbst berechnen. Werden die Gewichtungsmöglichkeiten dieser Systeme benutzt, so wird automatisch die Ausgabe von Signifikanzmaßen für die Ergebnisse unterdrückt.

6.2 Stichprobenzerlegung

Die Zerlegung von Stichproben, die je gesondert analysiert werden, kann aus verschiedenen Gründen empfehlenswert sein. Aus Stichproben kann eine Unterstichprobe gezogen werden, um Hypothesen für die Analyse des gesamten Datenbestandes zu entwickeln. Die Zerlegung von Stichproben ist erforderlich, wenn die Struktur der Beziehungen zwischen den Variablen in verschiedenen Teilgruppen der Stichprobe unterschiedlich ist. Schließlich kann die Stichprobe durch das Entfernen von Einzelfällen (Outliers) bereinigt werden.

Die Grundregel, die in der Sozialforschung wohl am häufigsten verletzt wird, lautet:
Hypothesen, die aus der Analyse einer Stichprobe entwickelt wurden, können nicht an derselben Stichprobe überprüft werden. Die Hypothesen müssen vor Beginn der Analyse formuliert sein, wenn beansprucht wird, daß diese Hypothesen durch die Analyse bestätigt oder widerlegt werden könnten. Die Gefahr, daß Zufallsergebnisse als bestätigte Theorien oder erfolgreich geprüfte Hypothesen ausgegeben werden, ist besonders groß, wenn mit Verfahren wie der Kontrastgruppenanalyse oder der multiplen schrittweisen Regression systematische Fischzüge nach Beziehungen in den Daten unternommen worden sind. Mit solch riesigen, engmaschigen Netzen läuft der Forscher Gefahr, auch eine Vielzahl nur zufällig signifikanter Beziehungen einzufangen. Auf die Gefahren dieser Vorgehensweise haben Selvin und Stuart (33) nachdrücklich hingewiesen!

Viele soziologische Theorien sind jedoch so unspezifisch, daß systematische Fischzüge nach Beziehungen in den Daten erforderlich sind, um zur Formulierung konkreter, überprüfbarer Hypothesen zu gelangen. Wenn neben der Stichprobe, aus deren Analyse Hypothesen entwickelt werden, eine weitere unabhängige Stichprobe zur Überprüfung dieser aufgestellten Hypothesen vorhanden ist, besteht die Möglichkeit, die Stichprobe in Teilgruppen zu zerlegen. An einer nach einem Zufallsverfahren gezogenen Teilstichprobe können dann Hypothesen entwickelt werden; der verbleibende Teil der ursprünglichen Stichprobe dient dazu, diese Hypothesen zu überprüfen. Mit SPSS kann auf einfache Weise eine Zufallsstichprobe gezogen werden: mit der Anweisung "SAMPLE" wird eine Dezimalzahl angegeben, welche Proportion der Fälle der Datei Teil der Stichprobe werden soll. Hierbei wird ein Verfahren zur Generierung von Zufallszahlen benutzt. DATA-TEXT erlaubt das Ziehen von Samples auf andere, ebenfalls einfache Weise: mit der Anweisung "SAMPLE N EVERY M" wird eine spezifizierte Anzahl von Fällen nach ihrer Reihenfolge in der Datei ausgewählt. Mit OSIRIS ist das Ziehen von Teilstichproben etwas umständlicher, aber auch ohne weiteres möglich: mit Hilfe der EXTRACT-Funktion von ICON kann etwa die letzte Stelle der laufenden Nummer eines Befragten zu einer neuen Variablen gemacht werden; diese neue Variable kann dann beim jeweiligen Analyseverfahren über die "Global Filter Card" angesprochen und etwa zur Auswahl jedes n-ten Falls benutzt werden.

Vermutet der Forscher, daß in den verschiedenen Teilen des Samples unterschiedliche Arten von Beziehungen vorliegen (in einem Teil des Samples seien die Beziehungen zwischen unabhängigen und abhängiger Variable linear, in einem anderen Teil des Samples kurvilinear), dann muß er für die entsprechenden multivivariaten Analyseverfahren die Stichprobe in diese Gruppen zerlegen. Am wenigsten aufwendig ist dies mit DATA-TEXT: hier wird nur der Anweisung jeweils hinzugefügt

GROUP BY VAR X, wodurch die Fälle automatisch nach ihren Werten auf dieser Gruppierungsvariablen geordnet und in diesen Gruppen nach der entsprechenden Anweisung analysiert werden. Daneben gibt es in DATA-TEXT die Möglichkeit, für die Dauer eines einzelnen DATA-TEXT Programms einen Teil der Fälle mit den Anweisungen SELECT UNIT IF oder OMIT UNIT IF auszuwählen bzw. wegzulassen, je nachdem, ob die von den auf die Anweisung folgenden logischen Operatoren gestellten und möglicherweise verknüpften Bedingungen gegeben sind oder nicht. SPSS bietet nur diese letztere Möglichkeit. Es kann Fälle mit Hilfe der SELECT IF-Karte in ein Sample ein- oder ausschließen. Alle logischen Operatoren und Verknüpfungen sind hierbei zulässig. Sollen mehrere Analysen in einem Teil ausgeführt werden, so ist dies möglich, indem die temporäre SELECT IF Anweisung gegeben und vor jeder Prozedur, die aufgerufen wird, wiederholt wird. Bei OSIRIS ist wiederum die Spezifikation der Teilgruppen über die "Global Filter Card" mit ihren "include" und "exclude" Anweisungen zu verwenden. In gleicher Weise können auch Einzelfälle weggelassen werden Hier wird entweder in den entsprechenden Filteranweisungen des jeweiligen Systems eine Serie von laufenden Nummern angegeben, die z.B. nicht gegeben sein darf, wenn der Fall eingeschlossen werden soll, oder, wenn "Outliers" entfernt werden sollen und die Residuen schon Teil der Datei sind, könnte mi diesen Anweisungen ein Maximalwert für die Residuen spezifiziert werden, der nur noch Fälle im Sample beläßt, die unterhalb dieses Maximalwerts liegen.

6.3 Analyse von Residuen

Die Analyse von Residuen ist nicht allein zur Überprüfung der Angemessenheit von Regressionsmodellen nützlich. Die Analyse von Residuen, die die Rohwerte der jeweiligen Variablen ersetzen, ist dann zu empfehlen, wenn der Einfluß von Störvariablen ausgeschaltet werden soll.

So behauptet z.B. Selvin (34), daß "fast alle Studien der Struktur von Einstellungen, Weltanschauungen, Werten und anderer mentaler Konstrukte Scheinbeziehungen (im strikten Larzarsfeld'schen Sinne) dargeboten haben. Mit welcher Technik auch immer sie die Struktur beschrieben, von einfachen Tabellen zur Faktorenanalyse, Analyse latenter Strukturen oder multidimensionaler Skalierung, diese Studien beruhten auf den Assoziationen zwischen den Variablen in den Rohdaten. Nun haben mehrere Jahrzehnte der Forschung gezeigt, daß ein großer Teil der Kovarianz dieser Variablen aus der unkontrollierten Streuung in sozialer Schicht, Religion und anderer vorgängiger sozialer Merkmale herrührt."

Deswegen schlägt Selvin zur Überprüfung vieler dieser Theorien vor: "Statt die Korrelationen in den Rohdaten zu betrachten, sollten Untersuchungen der Einstellungsstruktur mit den Korrelationen unter den Residuen beginnen, d.h., den Differenzen zwischen den beobachteten Einstellungswerten und den Werten, die aufgrund vorgängiger sozialer Merkmale geschätzt wurden."

Mit Datenanalysesystemen ist die technische Realisierung solcher Vorschläge einfach. Berechnung der Residuen und Einfügung in die Datei entspricht technisch dem Vorgehen, daß in Kapitel 5.5 dargestellt wurde.

6.4 Faktorenwerte

Nach Betrachtung des Ergebnisses einer Faktorenanalyse kann es sinnvoll sein, in weiteren Analysen mit den Werten zu arbeiten, die die einzelnen Einheiten für die erhaltenen Faktoren aufweisen, statt weiterhin nur die Beziehungen zwischen vielen einzelnen Variablen zu betrachten. Dies ist namentlich dann der Fall, wenn solche Faktorenanalysen nur als Hilfsmittel bei der Skalenkonstruktion eingesetzt wurden und es darum geht, voneinander unabhängige Skalen zu entwickeln. Mit allen hier vorgestellten Systemen ist die Einfügung der Faktorenwerte in die Dateien nicht schwierig.

Am einfachsten ist die Einfügung der Faktorenwerte in die ursprüngliche Datei mit Hilfe von DATA-TEXT. Durch die Anweisung "SCORES" auf der Compute-Rotations-Karte wird automatisch eine Datei mit den Faktorenwerten erstellt, die in einem folgenden Schritt mit Hilfe der UPDATE-Funktion der ursprünglichen Datei hinzugefügt werden können. Bei SPSS muß das Ergebnis der Faktorenanalyse zunächst bekannt sein. Dann können mit Hilfe der Compute-Anweisungen die Faktorenwerte gebildet werden, indem die Produkte der entsprechenden Koeffizienten der Variablen und der standardisierten Variablen addiert werden.

Der Benutzer von OSIRIS kann durch Spezifizierung des Keyword "SCORES" im Programm FACTAN die Matrix der Faktorladungen der Variablen maschinenlesbar ausgeben lassen und unter Verwendung dieser Matrix mit einem anderen Unterprogramm von OSIRIS den einzelnen Fällen der Datei ihre Faktorenwerte zuordnen.

6.5 Mehrebenenanalyse

Als die Fachzählsortiermaschine noch das Hauptinstrument der Datenanalyse war, waren Mehrebenenanalysen in der Praxis wegen des großen technischen Aufwands kaum durchführbar. Sowohl das Aggregieren einzelner Werte und die Zuweisung der aggregierten Daten zu den einzelnen Fällen (Beispiel: in einer Vollerhebung von Schulklassen, in der die Zensuren in den einzelnen Fächern ermittelt wurden, wird der Klassenmittelwert berechnet; die Noten der einzelnen Schüler können dann sowohl absolut wie relativ zu denen des Durchschnitts ihrer Klasse betrachtet werden) als auch die Zuweisung von Globalmerkmalen zu einzelnen Fällen (Merkmale einer Gemeinde werden allen in dieser Gemeinde lebenden Befragten einer Meinungsumfrage zugeordnet) sind mit Großrechenanlagen technisch handhabbar geworden. Damit sind die technischen Voraussetzungen für die Überwindung des atomistischen Modells der sozialen Realität, das der konventionellen Meinungsforschung implizit ist, geschaffen (31).

Die hier diskutierten Datenanalysesysteme sind für Mehrebenenanalysen allerdings nicht in gleicher Weise geeignet. Nur DATA-TEXT und OSIRIS können Individualdaten aggregieren. Nur OSIRIS kann Merkmale größerer Einheiten (Globalmerkmale z.B.) ohne weiteren technischen Aufwand Individualdaten hinzufügen. SPSS ist für diese Probleme weniger geeignet; sollen Probleme dieser Art mit SPSS angegangen werden, so ist immer zusätzlicher Aufwand an Programmierung oder mechanischer Arbeit (Ablochen) erforderlich.

Aggregieren von Daten für größere Einheiten ist am einfachsten möglich mit DATA-TEXT, vorausgesetzt, die Daten sind entsprechend ihrer Zugehörigkeit zu diesen größeren Einheiten organisiert und die Zugehörigkeit zu einer größeren Einheit ist als MAJOR definiert. Mit Hilfe einfacher Datentransformationsanweisungen (siehe Tabelle 5) können für alle Analyseeinheiten neue Variablen gebildet werden, die die relative Position dieser Einheiten, bezogen auf die Einheit höherer Ordnung enthalten. So könnte z.B. zusätzlich zur Zensur in einem Fach bei einer Schülerbefragung eine Variable gebildet werden, die die Abweichung der Note des Schülers vom Klassendurchschnitt angibt.

Mit Hilfe der Funktion WRITE SUMMARY kann mit DATA-TEXT auch eine neue Datei erstellt werden, die aus den Werten der aggregierten Variablen für die Einheiten der höheren Ordnung besteht.

Mit OSIRIS ist die Hinzufügung von Kontextvariablen, die zuvor aggregiert wurden, etwas umständlicher. Hier muß zunächst mit dem Programm CSUM eine neue Datei erstellt werden, die die Angaben für die Einheiten höherer Ordnung enthält; diese aggregierten Werte können dann mit Hilfe des Programms file-merge der ursprünglichen Datei hinzugefügt werden (beim match-merge-Programm ist die Option MATCH = A oder MATCH = B zu wählen und das Keyword DUP anzugeben, um dem System mitzuteilen, daß mehrere Einheiten mit gleichen Werten der Identifikationsvariablen erwartet werden). Danach können, wenn die Beziehungen zwischen Individual- und Gruppenmerkmalen zu neuen Variablen werden sollen, mit Hilfe des Programms ICON die individuellen Werte zu Summe, Mittelwert, Streuung, Standardabweichung, Minimum oder Maximum der Gruppe beliebig in Beziehung gesetzt werden.

Die erwähnte Option des match-merge-Programms macht es möglich, mit OSIRIS sehr einfach Daten für Einheiten höherer Ordnung den Daten für Einheiten niedrigerer Ordnung hinzuzufügen. Im Fall einer Umfrage kann, wenn die amtliche Gemeindekennziffer des Wohnorts des Befragten als Merkmal abgelocht wurde, jedem Befragten dieser Gemeinde die Angaben aus der amtlichen Gemeindestatistik hinzugefügt werden, wenn diese als ein anderer OSIRIS-File verfügbar sind, indem gleichfalls die amtliche Gemeindekennziffer als Variable abgelocht ist.

Tab. 5 DATA-TEXT-Anweisungen zur Zuweisung aggregierter Werte innerhalb von durch MAJOR definierten Gruppen

ZSCORE	Standardisierung der Variablen (resultierende Variable hat Mittelwert von 0 und Standardabweichung von 1)
UMEAN	Mittelwert über alle Einheiten der spezifizierten Variablen
USD	Standardabweichung der Variablen über alle Einheiten
UCOUNT	Zahl der Einheiten mit gültigen (d.h. nicht BLANK) Werten
UMAX	Höchster Wert der Variablen über alle Einheiten
UMIN	Niedrigster Wert der Variablen über alle Einheiten
USUM	Summe der Variablen über alle Einheiten

7. Betriebssysteme und Steuersprachen: OS/360 und /370

7.1 Funktionen der Steuersprache

Moderne Großrechenanlagen, wie sie von Herstellern geliefert werden, bestehen nicht nur aus einer Maschinenkonfiguration, die aus Komponenten wie Zentraleinheit und Ein/Ausgabe-Einheiten zusammengesetzt ist; hinzu kommen Basisprogramme, die erst den Betrieb ermöglichen. Man spricht von einem Betriebssystem, dessen wichtigster Bestandteil das Kontrollprogramm ist. Sobald eine solche moderne Großrechenanlage gestartet ist, übernimmt das Kontrollprogramm des Betriebssystems die Zuteilung der Ressourcen des Systems, die Datenorganisation und die Leitung der Operationen des Systems. Das Kontrollprogramm akzeptiert die von den Benutzern gestellten Aufgaben (Jobs) in einem kontinuierlichen Fluß (job management), überwacht die Abfolge und Ausführung der einzelnen Jobs - entweder sequentiell oder auf Grundlage eines Prioritätsschemas - und vereinfacht Speicherung, Retrieval und Wartung aller Daten, gleichgültig wie sie organisiert oder gespeichert sind.

Damit die Aufgabe des Benutzers vom System gelöst werden kann, muß der Benutzer dem Kontrollprogramm des Betriebssystems alle Angaben machen, die es für die Durchführung dieser Aufgabe braucht. Diese Mitteilungen sind in einer Steuersprache zu machen (Job Control Language).

Das, was ein Benutzer als Aufgabe im Rechenzentrum abgeben muß, setzt sich also aus drei Teilen zusammen:

1. Kontrollanweisungen, die das System unterrichten, welche Ressourcen benötigt werden
2. das Programm des Benutzers, das z.B. ein DATA-TEXT, OSIRIS oder SPSS-Programm sein kann
3. den Daten, die vom Programm verarbeitet werden. Es sind Programme denkbar, die keine Eingabedaten haben.

Sie sind jedoch nicht die Regel.
Wie die Daten organisiert werden und wie man ein Programm in DATA-TEXT, OSIRIS und SPSS schreibt, hatten wir bereits diskutiert. Damit die Diskussion vollständig ist, ist jetzt noch darzustellen, wie dem System die Kontrollanweisungen gegeben werden müssen.

Im folgenden wird dies am Beispiel eines bestimmten Betriebssystems und seiner Sprache, der Job Control Language (JCL) des Betriebssystems OS (Operating System) der IBM 360 und IBM 370 erläutert. Während sich die konkrete Form der Anweisungen in anderen Steuersprachen hiervon unterscheidet, sind die wesentlichen Funktionen vergleichbar.

7.2 Elemente der Job Control Language (JCL)

Die Form von JCL - Anweisungen ist

```
// Name      Operator      Parameter      Kommentar
```

Die Schrägstriche in Spalte 1 und 2 machen die Lochkarten als JCL-Anweisung kenntlich. Direkt anschließend (beginnend in Spalte 3) wird der Name des Statements gelocht; es handelt sich entweder um den Namen des Jobs, eines Teils des Jobs (job step) oder um einen Namen für die Bestimmung einer Datei (ddname). Der Zweck des Namens ist also abhängig vom Operator; das gleiche gilt für die Parameter. Drei Operatoren, Job, EXEC und DD, werden unterschieden. Ein JOB Statement kennzeichnet einen neuen Job, ein EXEC Statement gibt das ausführliche Programm an und ein DD Statement bezeichnet eine Datei. Ein JOB Statement, ein EXEC Statement und mehrere DD Statements gehören zu jedem Lauf.

7.2.1 JOB

```
//jobname JOB installationsabhängige angaben
```

Jeder Job, der abgegeben wird, muß mit einer JOB Karte beginnen. Sie enthält in der Regel den Namen des Benutzers, seine Kontonummer, seine Zeitschätzung usw. Jede Installation hat eine bestimmte Standardform der Jobkarte, der gefolgt werden muß. Der Parameter für die Zeitschätzung verdient besondere Beachtung: die hier in Sekunden oder Minuten angegebene CPU-Zeit ist die Obergrenze; sobald sie erreicht ist, wird der Lauf von der Maschine abgebrochen und der System Completion Code 322 gedruckt.

7.2.2 Das Aufrufen des Programms: JOBLIB, EXEC, STEPLIB

Das EXEC Statement gibt an, welches Programm ausgeführt werden soll; das JOBLIB oder das STEPLIB Statement definiert den Datenbestand, in dem das auszuführende Programm enthalten ist. Das Programm oder die Programme, die für einen JOB verwandt werden, kann für den ganzen Job mit der JOBLIB Karte bezeichnet werden; diese folgt unmittelbar auf die JOB Karte. Die STEPLIB identifiziert die für den jeweiligen Schritt erforderlichen Programme. Die STEPLIB Karte folgt unmittelbar auf die EXEC Karte.

Beispiele:

```
//JOBLIB DD DSNAME=dsname,DISP=SHR,UNIT=einheit,VOL=SER=nu
//stepname EXEC PGM=SPSS
```

oder:

```
//stepname EXEC PGM=SPSS
//STEPLIB  DD  DSNAME=OSIRIS, DISP=SHR
```

Wenn der Job nur einen Schritt hat, braucht kein Stepname genannt zu werden. PGM=programm bezeichnet das Programm, das mit genau dem angegebenen Programmnamen in der angegebenen Programmbibliothek vorhanden sein muß.

In der JOBLIB oder STEPLIB Karte sind die Angaben UNIT und VOLUME überflüssig, wenn der Name des Datensatzes katalogisiert ist.

7.2.3 Definition von Dateien: Das DD Statement

Die generelle Form dieses Statements ist

//ddname DD parameter

ddname ist die Verbindung zwischen dem Problemprogramm, das ausgeführt wird, und den Daten, die es benutzt. Das Programm ruft intern also nicht eine bestimmte Einheit (etwa eine Platte, Karten o.ä.) auf, sondern einen bestimmten ddnamen, und die Angaben dieser Karte identifizieren die Datei.

Der Operator DD kennzeichnet das Statement. DD steht als Abkürzung für Data Definition.

Die Parameter haben folgende Funktionen: sie enthalten Informationen über den Datensatz (Name und Format), und geben an, wo er zu finden ist oder angelegt werden soll.

7 Parameter sind zu spezifizieren:

DSNAME ruft den Namen des Datensatzes auf oder gibt dem Datensatz einen Namen.

UNIT bezeichnet die Einheit, wo der Datensatz angelegt ist oder angelegt werden soll.

DISP gibt an, ob der Datensatz schon vorhanden ist oder erst geschaffen wird, und was nach Ausführung des Programms mit dem Datensatz geschehen soll.

LABEL gibt bei Bändern an, welche Datei (Nr.) benutzt werden soll und ob das Band einen Kennsatz hat.

SPACE gibt bei neuen Datenbeständen auf der Platte an, wieviel Platz sie belegen werden.

VOLUME identifiziert das Band oder den Plattenstapel, auf dem die Daten residieren oder angelegt werden sollen.

DCB gibt die Merkmale der Daten an (logische und physikalische Satzlänge, Format usw.)

Die Subparameter sind in Tabelle 6 mit ihrer jeweiligen Bedeutung erklärt.

Wenn die Datensätze bereits bestehen und katalogisiert sind (und, falls auf Bändern, mit Standardkarten versehen), brauchen nur DSNAME und DISP angegeben zu werden. Wenn sie nicht katalogisiert sind, müssen zusätzlich UNIT und VOLUME Angaben gemacht werden. Wenn die JCL-Statements über den Kartenleser eingegeben werden und das Programm (OSIRIS, SPSS, DATA-TEXT) mit oder ohne Daten direkt darauf folgen, ist die letzte JCL-Karte in den meisten Fällen:

```
//SYSIN  DD  *
             .
             .
   (Programmkarten)
             .
             .
```

Der Job Step wird abgeschlossen mit der Karte

/*

Eine Lochkarte mit einem Schrägstrich in Spalte 1 und einem Stern in Spalte 2 signalisiert das Ende des Schritts oder des Jobs.

Tab. 6 Wichtige Parameter und Subparameter im DD-Statement

UNIT=modellnummer symbolname bestimmte einheit		etwa: 2314 für Platte SYSDA (Symbolnamen und bestimmte Angabe sind installationsabhängig!)
DISP=(status1,status2)		
OLD		Datenbestand existiert; Zugriff nur für diesen Job erlaubt
SHR		Datenbestand vorhanden; Zugriff für andere gleichzeitig laufende Jobs erlaubt
MOD		Datenbestand existiert; wird erweitert
<u>NEW</u>		Datenbestand wird neu angelegt
	KEEP	Datei wird bei Ende des Schritts aufbewahrt
	DELETE	Datei wird bei Ende des Schritts beseitigt (wenn auf Platte; Band wird nur entladen)
	PASS	Datei wird an folgende Schritte des Jobs weitergegeben
LABEL=(n,SL)		siehe Kapitel 7.5.
SPACE=(CYL,(quant1,quant2)) TRK nnn		Anforderung eines Plattenbereichs des Umfangs quant1 + 15 x quant2 in Zylindern (CYL), Spuren (TRK), oder Blöcken (nnn=BLKSIZE)
DCB Subparameter:		
RECFM=F		Feste Satzlänge
FB		Feste Satzlänge, geblockt
V		Variable Satzlänge
VB		Variable Satzlänge, geblockt
U		Undefiniert
LRECL=n		Logische Satzlänge (logical record lenght) in Bytes
BLKSIZE=m		Physische Satzlänge (block size) in Bytes
DEN=x		siehe Kapitel 7.5.

7.2.4 Installationsabhängige Parameter

Während die Syntax der JCL für alle OS-Installationen gleich ist, sind einige Parameter von Installation zu Installation verschieden. Insbesondere der Aufbau der Jobkarten ist installationsspezifisch. Da die Angaben der Jobkarte für Abrechnung, Prioritätsregelung usw. relevant sind, wählt jede Installation einen Aufbau, der ihren spezifischen Notwendigkeiten entspricht. Der Benutzer muß sich deswegen nach den hierfür geltenden Regeln seiner Installation erkundigen.

Installationsabhängig sind Regelungen, wie Anweisungen an die Operateure gegeben werden, was z.B. für das Einlegen von Bändern erforderlich ist. Die Mitteilung über mit dem Job abgegebene Anforderungszettel, eine /*SETUP-Karte oder ein installationseigenes Programm, das Mitteilungen an die Operateure schreibt, sind die üblichsten Methoden.

Die Gruppennamen, die den Einheiten gegeben sind, wurden bei der Generierung des Systems gewählt. Während die Typennummern überall gleich sind (z.B. ein Plattenstapel heißt immer 2314, wenn es ein Stapel dieses Typs ist), unterscheiden sich die Gruppennamen: so mag eine Installation ihre Magnetplatteneinheiten DISK oder SYSDA nennen, während eine andere es vorzieht, den Gruppennamen TEMP für bestimmte Platteneinheiten zu verwenden.

Ebenfalls installationsspezifisch sind Regelungen, wie Benutzer Magnetbänder reservieren oder Speicherplatz auf Magnetplatten anfordern. Auch können Konventionen für die Verwendung von Bändern gelten, die grundsätzlich die Verwendung von Kennsätzen (oder ihre Nichtverwendung) vorschreiben.

7.3 JCL-Fehler

JCL-Fehler sind für den Benutzer besonders unerfreulich; denn ein formaler Fehler hier führt dazu, daß das Programm selbst weder auf Fehler geprüft noch ausgeführt wird. JCL-Fehler werden im Ausdruck der JCL eines Jobs hinter dem fehlerhaften Statement von der Maschine gemeldet. Nicht immer ist auf den ersten Blick ersichtlich, was der Fehler ist, auch wenn das Buch "Message and Codes" unter der Nummer der jeweiligen Fehlerbotschaft konsultiert wird. In der Regel ist die Ursache, daß ein Schreibfehler in einem Parameter gemacht wurde, daß ein Klammerzeichen zuviel oder zuwenig vorkommt, daß ein notwendiger Parameter vergessen wurde oder ein BLANK zwischen Namen, Operator und den Parametern fehlt. Ein von Anfängern oft gemachter Fehler ist die Verwechslung des Buchstaben O mit der Ziffer 0 (Null). Der Anfänger sollte deswegen vor Abgabe seiner Karten die JCL-Karten peinlich genau mit der Vorlage Zeichen für Zeichen vergleichen und prüfen, ob alle Regeln der Syntax der Steuersprache genau eingehalten wurden.

7.4 System Completion Codes

Das Verzeichnis aller möglichen Fehlerbotschaften (Messages and Codes) für das System OS/360 ist überaus umfangreich, und selbst für Benutzer mit einiger Erfahrung sind die Erklärungen einigermaßen obskur, die manchmal dort gegeben werden. Bei der Benutzung der hier diskutierten Programmsysteme sind bei weitem nicht alle dieser Codes gleich häufig. Im folgenden sind die wichtigsten mit einer kurzen, wahrscheinlichen Erklärung aufgeführt.

001 Wahrscheinlich Ein/Ausgabe-Fehler. Kann z.B. durch einen Kratzer auf dem Band verursacht sein. Es kann sich auch um einen temporären Fehler des Systems handeln; in diesem Fall geben Sie das Programm einfach noch einmal ab. Wenn derselbe Fehler wieder auftaucht, wenden Sie sich an die Beratung in Ihrer

Installation.

213 Das System konnte einen Datensatz, der mit OLD, SHR oder MOD vorhanden bezeichnet wurde, nicht auf der angegebenen Platte finden. Er existiert nicht, oder die VOLUME-Angabe ist falsch.

222 Der Job wurde vom Operator abgebrochen.

322 Das CPU-Zeit-Limit wurde überschritten. Zeitschätzung erhöhen und wieder abgeben.

413 Die VOLUME-Angabe ist nicht korrekt, oder der Kennsatz (Label) eines Bandes ist defekt.

513 Auf einem Magnetband werden gleichzeitig zwei Dateien angesprochen.

613 Der Kennsatz eines Bandes ist defekt.

80A Der Job braucht mehr Kernspeicher als verfügbar. Er-
804 höhen Sie die Region-Size, oder (bei SPSS mit Hilfe des PARM-Feldes auf der EXEC Karte) vermindern Sie den Kernspeicherbedarf.

806 Das aufgerufene Programm wurde nicht gefunden. Ursache: JOBLIB oder STEPLIB-Karte fehlt, Schreibfehler im Programmnamen o.ä.

813 Bei Magnetband: der DSNAME wurde bei einer vorhandenen Datei falsch angegeben.

B37 Der angegebene Platzbedarf auf einer Platte reicht
D37 nicht aus; erhöhen Sie die Anforderungen im SPACE-Parameter. Errechnen Sie mit Hilfe des jeweiligen

Manuals den Platzbedarf für Ihre Daten, und stellen Sie fest (wenn mehrere Plattenbestände gleichzeitig angelegt wurden), welche Datei mehr Platz braucht. Z.B.: bei SPSS in diesem Fall für FT01F001 (Labels) mehr Platz anzufordern, weil die Platzanforderung dort so gering aussah, ist ein beliebter Fehler. Wenn Ursache war, daß der Datenbestand zu umfangreich war (viele Fälle mit vielen Variablen), muß natürlich FT02F001 mehr Platz erhalten, weil hier die Daten zwischengespeichert werden.

7.5 Magnetbänder und ihre Kennsätze

7.5.1 Physische Merkmale von Bändern

Daten werden auf Magnetbändern festgehalten, indem horizontal in einer bestimmten Kombination die Spuren eines Bands magnetisiert werden. Die Spuren (tracks) sind vertikal über die ganze Länge des Bandes. Bandeinheiten schreiben normalerweise entweder mit 9 oder mit 7 Spuren. Die Bänder sind ursprünglich gleich; erst durch das Beschreiben des Bandes wird es ein 7 oder 9-Spur-Band. Sobald es einmal geschrieben ist, kann es aber nur noch von der entsprechenden Einheit gelesen werden.
Bei 9-Spur-Bändern werden nur 8, bei 7-Spur-Bändern nur 6 Spuren zum Aufnehmen von Zeichen verwandt. Das siebte bzw. neunte Bit (d.h. die siebte oder neunte Spur) ist ein Prüfbit, das magnetisiert ist oder nicht und dadurch die Zahl aller magnetisierten Spuren eines Zeichens zu einer geraden Zahl macht; so wird eine Paritätsprüfung möglich. 9-Spur-Bänder werden immer mit gerader Parität (even parity) geschrieben; 7-Spur-Bänder werden mit gerader oder ungerader Parität aufgenommen.
Die Schreibdichte wird ebenfalls vom Bandgerät bestimmt. Schreibdichte (density) ist die Zahl der Zeichen, die auf einen Zoll (2,56 cm = 1 inch) Band geschrieben werden.

Schreibdichte wird in bpi (bits oder bytes per inch) angegeben. 9-Spur-Bänder gibt es mit 800 bpi (DEN=2) oder 1600 bpi (DEN=3), 7-Spur-Bänder mit 200 bpi (DEN=0), 556 bpi (DEN=1) oder 800 bpi (DEN=2). Wird die Dichte nicht durch den Subparameter DEN des Parameters DCB des DD-Statements angegeben, wird automatisch die niedrigstmögliche Dichte des Bandgeräts gewählt. Bandmarken signalisieren dem Bandgerät das Ende einer Datei. Ist die Datei die letzte eines Bandes, wird eine doppelte Bandmarke (tape mark) geschrieben. Schreibringe sind erforderlich, wenn ein Band beschrieben werden soll. Ein Band ohne Schreibringe wird durch eine Schreibsperre des Bandgeräts vor dem Beschreiben geschützt. Die Anweisung "Band ohne Ring" gibt einer wichtigen Datei auf einem Band also einen gewissen Schutz davor, irrtümlich überschrieben zu werden.

7.5.2 Kennsätze (Labels)

9-Spur-Bänder können vom System mit Kennsätzen (standard labels) versehen werden. Der erste Kennsatz identifiziert die Bandnummer (volume label) und den Datensatz (header label) mit seinem DSNAME und den Merkmalen, mit denen er aufgenommen wurde (DCB Attribute der Datei).
Der Kennsatz wird durch eine Bandmarke abgeschlossen; darauf folgen die Daten, die mit einer Bandmarke abgeschlossen werden. Darauf folgt ein weiterer Kennsatz der Datei (trailer label). (Siehe Abbildung 17).

Die Benutzung von Kennsätzen hat einige Vorteile: das System prüft, ob das richtige Band montiert ist und die richtige Datei gelesen wird, oder ob das richtige Band beschrieben wird. Neben dem Datenschutz dienen Kennsätze der Bequemlichkeit: die DCB-Attribute brauchen nicht mehr abgegeben zu werden, wenn ein Band gelesen wird, und hat man den Inhalt eines Bands vergessen, kann man einfach die Kennsätze andrucken; gäbe es keine Kennsätze, würden alle Dateien

Abb. 17 Magnetband in schematischer Darstellung (mit Standardkennsätzen)

Eine Datei auf einem Band:

Header Label Volume Id	Band mar- ke	Datei	B M	Trailer Label	B M	B M

Mehrere Dateien auf einem Band:

VL H D R	B M	1. Datei	B M	Tr ail er L	B M	HDR Lbl	B M	2. Datei

noch 2. Datei	B M	Trai ler Lbl	B M	HDR Lbl	B M	3. und letzte Datei	B M	Trai ler Lbl	B M	B M

ziemlich ähnlich aussehen. Bänder ohne Kennsätze zu verwenden, ist nur dann zu empfehlen, wenn Bänder gleichzeitig bei einer anderen Installation verwandt werden sollen, die IBM Standard Labels nicht verarbeiten kann.

7.5.3 Bänder in DOS und OS

Unter Plattebetriebssystemen erstellte Bänder folgen häufig der Konvention, daß vor dem ersten Datensatz eine Bandmarke steht. Sollen solche Bänder im OS gelesen werden, ist im LABEL-Parameter zu spezifizieren LABEL=(2,NL). Dies ist nur möglich, wenn vor der Bandmarke kein Bandkennsatz (VOLUME label) steht. Für diesen Fall wäre zu spezifizieren LABEL=(2,BLP). Wird BLP (bypass label processing) angegeben, prüft das System nicht, ob das Band wirklich keinen Label hat Mit BLP können also auch Dateien gelesen werden, die mit Kennsätzen, Standard Labels, erstellt wurden. Dabei ist allerdings zu beachten, daß bei SL die Dateinummer geprüft wird, während bei BLP nur Bandmarken gezählt werden. Die erste Datei eines Bandes mit Kennsätzen (LABEL=(1,SL) wäre also durch LABEL=(2,BLP) anzusprechen. Das gleiche gilt für im OS mit Kennsätzen erstellte Bänder, die unter Plattebetriebssystemen benutzt werden. Die folgende Tabelle nennt links die Dateinummer, wie bei SL spezifiziert, und rechts die "logische" Dateinummer, wenn das Band mit BLP oder in einem Plattebetriebssystem angesprochen wird:

SL	BLP
1	2
2	5
3	8
4	11
5	14

(1,BLP) würde also einen "header label" ansprechen (ebenso wie 4,7,1o,13 usw.), während mit (3,BLP) der "trailer label" einer Datei angesprochen würde.

Im OS können selbstverständlich auch Bänder erstellt werden, die der Konvention eines Plattebetriebssystems, immer eine führende Bandmarke zu schreiben, entsprechen. Anzugeben ist dabei ebenfalls LABEL=(2,NL). Dies setzt aber voraus, daß das so zu beschreibende Band bereits benutzt wurde. Ein neues Band kann nicht so beschrieben werden. Das Bandgerät würde das Band bis zum Bandende vorspulen und nach der Bandmarke suchen, hinter die es die Datei schreiben soll. Deswegen müssen neue, bisher unbenutzte Bänder, die so beschrieben werden sollen, zunächst mit einer Bandmarke versehen werden.

7.6 Verkettung mehrerer Schritte

Mehrere Schritte, die in einer bestimmten Reihenfolge ablaufen sollen, können zu einem Job zusammengefaßt werden (chaining). Die einzelnen Schritte beginnen jeweils mit einer EXEC-Karte (auf die eine STEPLIB-Karte folgen muß, wenn keine JOBLIB-Karte verwandt wurde und ein anderes als ein Dienstprogramm aufgerufen wird) und werden durch eine /*-Karte (delimiter) abgeschlossen.

Abbildung 18 ist ein Beispiel für die Verkettung mehrerer Schritte. Im ersten Schritt wird ein OSIRIS-File erstellt, der auf einer Platte zwischengespeichert und an den zweiten Schritt, die Berechnung von Produktmomentkorrelationskoeffizienten unter paarweiser Weglassung fehlender Werte, weitergegeben wird. Durch Verwendung eines DSNAME, der mit && beginnt, werden die Dateien DICTOUT und DATAOUT als temporär gekennzeichnet. Durch die Angabe DISP=(,PASS) wird mitgeteilt, daß diese Dateien in diesem Schritt geschaffen werden (durch Weglassen von disp1, dessen Fehlen durch das Komma angezeigt wird, tritt die default option NEW in Kraft) und an einen folgenden Schritt weiterzugeben sind. Im zweiten Schritt werden die Korrelationen berechnet und als OSIRIS-Matrix auf eine Platte ausgegeben (FT02F001);

Abb. 18 Verkettung mehrerer Schritte zu einem Job (OSIRIS)

```
//INSTALLATIONSSPEZIFISCHE JOBKARTE
//JOBLIB DD DSN=OSIRIS,DISP=SHR
//STEP1 EXEC PGM=FBUILD
//FT06F001 DD SYSOUT=A
//FT03F001 DD UNIT=TEMP,SPACE=(88,(500,75)),DSNAME=&DICT,
//      DCB=(RECFM=VS,LRECL=84,BLKSIZE=88),DISP=NEW
//DATAIN DD DSN=DATEN,UNIT=TAPE,DISP=OLD,VOL=SER=BAND55
//DICTOUT DD DSNAME=&&RKI811,UNIT=TEMP,SPACE=(CYL,(1,1)),DISP=(,PASS)
//DATAOUT DD DSN=&&RKI812,UNIT=TEMP,SPACE=(CYL,(9,3)),DISP=(,PASS)
//FT01F001 DD *
TITELKARTE FILEBUILD MIT DEFAULT OPTIONS 60 EINSPALTIGE VARIABLEN
NVOUT=60*
REPEAT=60*
END*
/*
//STEP2 EXEC PGM=MDC
//FT01F001 DD DDNAME=SYSIN
//FT02F001 DD  DSN=&&ROMA85,UNIT=TEMP,DISP=(NEW,PASS),
// DCB=(RECFM=FB,LRECL=80,BLKSIZE=3200),SPACE=(3200,(90,20))
//FT03F001 DD UNIT=TEMP,SPACE=(808,(300,20)),
//  DCB=(RECFM=VBS,LRECL=804,BLKSIZE=808)
//FT04F001 DD  UNIT=TEMP,SPACE=(3520,(60,10)),
//  DCB=(RECFM=VBS,LRECL=3516,BLKSIZE=3520)
//FT06F001 DD SYSOUT=A
//DICTIN DD DSN=&&RKI811,DISP=(OLD,DELETE)
//DATAIN DD DSN=&&RKI812,DISP=(OLD,DELETE)
//SYSIN DD *
TITELKARTE MISSING DATA KORRELATIONEN (PEARSON)
WRITE *
V1-V60*
/*
//STEP3 EXEC PGM=FACTAN
//FT01F001 DD DDNAME=SYSIN
//FT06F001 DD SYSOUT=A
//FT04F001 DD  DSN=&&ROMA85,UNIT=TEMP,DISP=(OLD,DELETE)
//FT03F001 DD UNIT=TEMP,DSN=&TEMP1,SPACE=(3236,(14,4)),
//  DCB=(RECFM=VBS,LRECL=404,BLKSIZE=3236)
//FT05F001 DD UNIT=TEMP,DSN=&TEMP2,SPACE=(3236,(14,4)),
//  DCB=(RECFM=VBS,LRECL=404,BLKSIZE=3236)
//FT08F001 DD UNIT=TEMP,DSN=&TEMP3,SPACE=(3236,(14,4)),
//  DCB=(RECFM=VBS,LRECL=404,BLKSIZE=3236)
//FT09F001 DD UNIT=TEMP,DSN=&TEMP4,SPACE=(TRK,(300,20)),
//  DCB=(RECFM=VBS,LRECL=404,BLKSIZE=3236)
//SYSIN DD *
TITELKARTE FAKTORENANALYSE NACH KORRELATIONSMATRIX
MATRIX *
BOTHROTATIONS *
NORMALIZE *
*
/* END OF JOB KARTE
```

die Matrix wird an den dritten Schritt weitergegeben. Am Ende des zweiten Schritts wird der nur temporär gebildete OSIRIS-File durch die Spezifikation von DELETE im DISP-Parameter gelöscht. Im dritten Schritt, einer Faktorenanalyse, wird die Matrix gelesen (FT04F001); nach Beendigung der Faktorenanalyse wird die Matrix gelöscht. So vorzugehen wie in dem Beispiel der Abbildung ist jedoch immer dann riskant, wenn die einzelnen Programme nicht bereits getestet sind; da sowohl der OSIRIS-File als auch die Matrix am Ende des Jobs gelöscht werden, muß der Benutzer sämtliche Schritte wiederholen, wenn etwa im Faktorenanalyseprogramm ein Fehler auftritt; im allgemeinen ist zu empfehlen, die Zwischenergebnisse (OSIRIS-File und Korrelationsmatrix) zumindest solange aufzubewahren, bis die Richtigkeit des Ergebnisses des letzten Schritts festgestellt ist.

Das Beispiel verdeutlicht sowohl einige Merkmale der Verkettung mehrerer Schritte als auch die Besonderheiten von OSIRIS, die durch die modulare Struktur bedingt sind. Mit DATA-TEXT oder SPSS hätte die gleiche Analyse in einem einzigen Schritt durchgeführt werden können und dem Benutzer wäre es erspart geblieben, die vielen JCL-Karten (kenntlich durch // in Spalte 1 und 2) abzulochen. Hätte der Benutzer katalogisierte Prozeduren verwandt, so wären die meisten der gezeigten JCL-Karten ebenfalls nicht erforderlich gewesen. Katalogisierte Prozeduren enthalten JCL-Anweisungen für bestimmte Programme, die besonders häufig verwandt werden; wird eine solche Prozedur vom Benutzer aufgerufen (mit PROC=procname oder procname), so generiert das System die entsprechenden JCL-Anweisungen. Solche Prozeduren erleichtern die Verwendung von Systemen mit einer Vielzahl von DD-Anweisungen wie OSIRIS oder auch DATA-TEXT erheblich; wenn der Benutzer von einzelnen Parametern der in der Prozedur enthaltenen JCL-Statements abweichen will, sollte er mit den Regeln der JCL vertraut sein.

8. Fehlersuche und Fehlerkorrektur

8.1 Fehlermöglichkeiten

Blutige Anfänger in der Datenverarbeitung erkennt man daran, daß sie gleich nach Abgabe eines ungetesteten Programms richtige Ergebnisse als Output aus dem Computer erwarten. Experten dagegen erwarten nicht, daß ein neues Programm gleich fehlerfrei läuft und ihnen ohne die Notwendigkeit irgendeiner Verbesserung sofort Ergebnisse liefert. Durch die Verwendung von Datenanalysesystemen wird die Wahrscheinlichkeit des Auftretens von Fehlern und ihre Häufigkeit zwar entscheidend reduziert, aber nach wie vor muß der Benutzer damit rechnen, daß er irgendwo mindestens einen Fehler gemacht hat. Und der Computer ist meistens unerbittlich: schon ein ganz kleiner Schreibfehler, etwa in einem Variablennamen, reicht aus, daß deswegen das Programm entweder abgebrochen oder aber fehlerhaft fortgesetzt wird. Anders als bei Unterhaltungen mit Mitmenschen gibt es bei einer "Unterhaltung" mit dem Computer so gut wie keine Redundanz: wenn man sich in einem Brief irgendwo vertippt, weiß der Empfänger in den meisten Fällen auch ohne Korrektur, was der Schreiber gemeint hat; ein Wort, in dem auch nur ein Buchstabe falsch, zuviel oder zuwenig ist, wird dagegen von einem Computer in der Regel nicht erkannt.

Will man Fehler klassifizieren, so kann man sie zunächst einmal in solche Fehler einteilen, die der Computer bemerkt, und andere Fehler, die der Computer nicht bemerkt und die deswegen die Ausführung des Programms nicht behindern. Fehler, die der Computer bemerkt, sind in der Regel formale Fehler und führen dazu, daß das Programm nicht ausgeführt wird; der unglückliche Benutzer sieht dies schon von weitem daran, daß sein Computerausdruck aus wenigen Blättern besteht. Aber der Umfang eines Computerausdrucks ist mitnichten eine Garantie dafür, daß auch die Ergebnisse richtig sind; ein typisches

Beispiel für einen Fehler, den der Computer nicht bemerkt, ist das Verwenden von nominalen Merkmalen in Analyseverfahren, die Intervallskalen voraussetzen, Mittelwerte für Teilgruppen berechnen usw. Ausdrucke dieser Art können sehr umfangreich sein, und doch sind alle in ihnen enthaltenen Ergebnisse völlig unsinnig.

Zunächst werden wir uns hier mit den Fehlern befassen, die der Computer entdeckt. Sobald der Computer auf einen Fehler stößt, druckt er eine Fehlerbotschaft. Solche Fehlerbotschaften können ganz unterschiedlicher Art sein. Wenn menschlich klingende Fehlerbotschaften wie "Keine so perfekte Maschine wie ich sollte für so einen Idioten wie Sie arbeiten müssen" gedruckt werden, war sicher unter den Systemprogrammierern ein Spaßvogel am Werk. Aber so etwas ist jedenfalls in deutschen Rechenzentren selten. Deswegen wird als Fehlerbotschaft häufiger eine Zahl ausgedruckt, die in einem entsprechenden Handbuch nachzuschlagen ist, oder aber ein Spruch wie etwa: "UNRECOGNIZED CONTROL CARD" oder "UNBALANCED LEFT PARENTHESIS" gedruckt. Fehlerbotschaften wie die letzte veranlassen manchen Neuling zu der Frage: "Wenn die Maschine doch schon weiß, daß eine rechte Klammer fehlt, warum verbessert sie das nicht gleich?" Aber woher soll die Maschine wissen, wo genau in dem auf die linke Klammer folgenden Ausdruck die rechte Klammer gesetzt werden soll? Oder war vielleicht eine linke Klammer einfach zuviel und ein Schreibfehler? Wenn die Maschine also Fehler formaler Art selbst "verbessern" sollte, wären also die Resultate möglicherweise noch unbefriedigender als eine knappe Fehlerbotschaft: durch einen umfangreich aussehenden Ausdruck würden hohe Erwartungen geweckt, die dann jedoch einer genaueren Betrachtung nicht standhielten, weil eben nur eine ganz formale Verbesserung vorgenommen wurde, die in Wirklichkeit nicht richtig war, weil es zuviele Möglichkeiten der Verbesserung formaler Fehler unter Herbeiführung formaler Stimmigkeit gibt.

Vier Klassen von Fehlerbotschaften können unterschieden werden. Mit zwei dieser Klassen, den formalen Fehlern der Job Control Language und den System Completion Codes, haben wir uns bereits befaßt. Die dritte Gruppe von Fehlern sind durch ihren Code als FORTRAN-Fehlerbotschaften gekennzeichnet; die vierte und letzte Gruppe von Fehlerbotschaften wird erzeugt von dem jeweils benutzten Datenanalysesystem.

3.2 FORTRAN-Fehlerbotschaften

Unter bestimmten Bedingungen treten Fehler auf, die zum Abbruch des Programms führen, aber keine Fehlermeldungen ausdrucken, die den Angaben in den jeweiligen Handbüchern der Analysesysteme entsprechen. Dabei handelt es sich, wenn die Fehlermeldung (bei IBM 360/370 - Systemen) mit den Buchstaben IHC beginnt, um FORTRAN-Fehlermeldungen. Die (für sich genommen oft unverständliche) Fehlermeldung ist interpretierbar, wenn entweder das IBM-Handbuch "Messages and Codes" oder ein FORTRAN-Handbuch herangezogen und dort die der Nummer der Fehlermeldung entsprechende Erklärung gesucht wird.

FORTRAN-Fehlermeldungen kommen unter anderem vor, wenn ein OSIRIS- oder SPSS-Programm unvollständig ist, die Daten nicht ihrer Definition entsprechen oder die JCL-Anweisungen formal korrekt, aber unvollständig sind.

Das OSIRIS z.B. eine bestimmte Anzahl von Programmkarten in einer bestimmten Reihenfolge erwartet, führt das Weglassen etwa einer vorgeschriebenen Titelkarte dazu, daß die folgende Karte als Titelkarte interpretiert wird, demgemäß die letzte Karte des Programms als vorletzte interpretiert und versucht wird, über das Ende des Programms hinaus zu lesen; bei SPSS tritt die gleiche Bedingung ein, wenn die FINISH-Karte fehlt.

Ist ein logischer Satz auf einem Datenträger gemäß Definition durch den DCB-Parameter der JCL oder Angaben im Kennsatz kürzer als eine FORMAT-Anweisung erwarten läßt, tritt die Meldung auf, daß versucht wurde, über das Ende eines logischen Satzes hinauszulesen.

Da das SPSS-Unterprogramm, das Rohdaten einliest, in FORTRAN geschrieben ist, treten hier FORTRAN-Fehler immer dann auf, wenn Daten und Datendefinition einander nicht entsprechen. Die FORTRAN-Fehlermeldung "ILLEGAL DECIMAL CHARACTER" tritt häufig bei SPSS-Programmen auf, bei denen die Rohdaten als Lochkarten mit dem Programm eingegeben wurden; Ursache ist meistens kein Lochfehler in den Datenkarten, sondern daß wegen Nichtübereinstimmung der Angaben bei der Dateidefiniti (spezifizierte Zahl der Analyseeinheiten x errechnete Zahl der Kartenarten pro Fall) mit der tatsächlichen Zahl de abgegebenen Datenkarten versucht wird, eine Kontrollkarte als Datenkarte zu lesen. Entweder ist der abgegebene Satz der Datenkarten zu korrigieren, oder die Angaben über die Zahl der Fälle, Variablen oder Format sind zu verbessern.

Eine weitere FORTRAN-Fehlerbotschaft "FLOATING POINT OVERFLO kann vorkommen, wenn eine alphanumerische Variable in Analyse routinen verwandt wird, die numerische Variablen verlangen; während solche Variablen bei Randauszählungen zulässig sind, darf nicht verlangt werden, auch etwa ihr arithmetisches Mittel zu berechnen. Eine FORTRAN-Fehlermeldung (IHC 219I) kann auch dann auftreten, wenn eine JCL-Anweisung fehlt, die vom Programm mit ihrem ddname (siehe Kapitel 7.2.3) aufgeruf wird. Dies tritt meistens dann auf, wenn übliche JCL-Karten unverändert mit einem Programm abgegeben werden, in dem zusätzliche Ein-Ausgabe-Medien verlangt werden. Wenn bei SPS z.B. Rohdaten von einem Band gelesen werden sollen, muß dem-entsprechend eine //FT08F001 JCL-Karte eine entsprechende Datei definieren. Anweisungen wie GET FILE, SAVE FILE, WRIT CASES und Optionen, die etwa die Ausgabe von Matrizen verlangen, müssen von entsprechenden zusätzlichen JCL-Anweisung begleitet werden. Das gleiche gilt für bestimmte OSIRIS-Programme: wenn z.B. bei der Faktorenanalyse mit dem keyword SCORES die Ausgabe von Faktorenwerten verlangt wird, darf die JCL-Anweisung, die das Medium definiert, wo diese Faktorenwerte auszugeben sind, nicht fehlen.

8.3 DATA-TEXT Fehlermeldungen

Für Syntax-Fehler im DATA-TEXT-Programm des Benutzers wird eine leicht interpretierbare Fehlerdiagnose gegeben. Eine Fehlerbotschaft erscheint neben der Zeile des Programms, in der ein Fehler gefunden wurde; der beanstandete Teil der Zeile, der den Fehler verursachte, wird mit einem $ - Zeichen markiert. Bei Nichtbeachtung bestimmter formaler Regeln können jedoch Fehlermeldungen auftreten, die zunächst unverständlich erscheinen. So wird etwa eine Fortsetzungskarte als nicht erkannte Kontrollkarte beanstandet, obwohl der Benutzer der Meinung ist, richtig in Spalte 80 der fortzusetzenden und Spalte 1 der Fortsetzungskarte einen Stern gelocht zu haben. Ursache ist hierbei häufig, daß der Stern versehentlich nicht in Spalte 80, sondern in Spalte 79 gelocht wurde. Ein Fehler dieser Art wird im Computerausdruck nicht nur aus der Position des Sterns im Ausdruck erkennbar, sondern auch daran, daß der Stern in Spalte 1 von Fortsetzungskarten ausgedruckt wurde; bei Fortsetzungskarten, die als solche akzeptiert werden, wird das Kontrollzeichen in Spalte 1 im Unterschied zu beginnenden Kontrollkarten nicht ausgedruckt.

Neben Syntaxfehlern sind Fehler in den Daten möglich, die bei Ausführung des Programms erkannt werden. Fehler im Identifikationsfeld (laufende Nummer und Kartenart) führen zum Weglassen der Einheit, wenn in der Format-Anweisung das Identifikationsfeld definiert wurde. Die Zahl der nicht akzeptierten Einheiten kann als Abbruchkriterium vom Benutzer definiert werden. Ebenfalls ist es möglich, das Auftreten bestimmter Codes von bestimmten Variablen im Rahmen der Datentransformation für fehlerhaft zu erklären (a=ERROR bei logischen Transformationen oder Code-Gleichungen) und die Zahl der so definierten Fehler zum Abbruchkriterium zu erklären (RETURN IF ERRORS=100 z.B.). Fehlerhafte Einheiten können vom Programm automatisch ausgedruckt werden.

8.4 OSIRIS-Fehlermeldungen

Die Qualität der Fehlermeldungen in den einzelnen OSIRIS-Programmen ist recht unterschiedlich, so daß allgemeine Hinweise zur Fehlerinterpretation hier kaum gegeben werden können. Die möglichen Fehlerbotschaften der Einzelprogramme sind jeweils am Ende der Beschreibung des jeweiligen Unterprogramms aufgeführt.

Neben Syntaxfehlern im Benutzerprogramm können Fehler in den Rohdaten des Benutzers vorliegen. Das Datendefinitionsprogramm FILEBUILD und das Transformationsprogramm ICON geben dem Benutzer die Möglichkeit zu bestimmen, wie in solchen Fällen verfahren werden soll. Der Benutzer kann eine Maximalzahl zulässiger Fehler selbst angeben und damit entscheiden, wieviele Fehler dieser Art er zu tolerieren bereit ist. Die Programme können die beanstandeten Einheiten ausdrucken.

8.5 SPSS-Fehlermeldungen

SPSS hat eine Vielzahl von sehr differenzierten Fehlerbotschaften, die im Appendix A des SPSS-Handbuchs aufgeführt sind. Der jeweils beanstandete Teil des Programms wird vom System gesondert ausgedruckt.

Manche Fehlerbotschaften werden für Anfänger nicht voll verständlich sein. So wird z.B., wenn eine RECODE-Anweisung insgesamt mehr Symbole enthält als zulässig sind, nicht nur die entsprechende Fehlerbotschaft ausgedruckt (5), sondern auch eine weitere Fehlermeldung (1:"A control card has been read which has an unrecognized control field"). Denn das System interpretiert eine Karte, die Fortsetzungskarte für eine RECODE-Anweisung sein sollte, als neue Kontrollkarte, die nicht akzeptiert werden kann, weil das Kontrollfeld (Spalte 1 - 15) aus Leerzeichen besteht. Der Benutzer muß deswegen daran denken, daß es sich bei Fehlerbotschaften auch um Folgefehler handeln kann und eine einzige Verbesserung unter Umständen zur Korrektur einer beträchtlichen Zahl formaler Fehler ausreicht.

Ebenso ist immer die Abfolge der Karten zu bedenken: so kann bei Verwendung der ESTIMATED-Konvention zur Angabe der Fallzahl Fehler Nummer 83 auftreten, wenn die ≠ OF CASES Karte vor der INPUT MEDIUM Angabe liegt. Die richtige Reihenfolge ist INPUT MEDIUM Angabe vor ≠ OF CASES. Denn erst wenn das System weiß, daß die Datenkarten nicht Teil des Programms sind, erklärt es die ESTIMATED-Konvention für zulässig.
Neben den Fehlerarten, die das System beanstandet, gibt es in SPSS-Programmen Fehlermöglichkeiten, die nicht zum sofortigen Abbruch des Programms führen. Hierzu gehört die Nichtübereinstimmung von Variablenliste und INPUT FORMAT-Anweisung. Deswegen sollte der SPSS-Benutzer im Programmausdruck als erstes prüfen, ob Variablenliste und Formatanweisung einander entsprechen. Das System interpretiert beide mit der Mitteilung IGNORING INDEFINITE REPETITION, THE INPUT FORMAT PROVIDES FOR M VARIABLES.N WILL BE READ.
Sind M und N ungleich, sind falsche Ergebnisse wahrscheinlich, auch wenn das Programm ausgeführt wurde. Ist N größer als M, sind eventuell enthaltene Resultate mit Sicherheit falsch; die Fallzahl, die bei Analysen ausgewiesen wird, ist unsinnig; bei Rohdaten auf Karten wird das Programm dann meistens mit einer Fortranfehlerbotschaft (ILLEGAL DECIMAL CHARACTER) abgebrochen.

SPSS gibt dem Benutzer nicht die Möglichkeit, die Vorgehensweise beim Auftreten von Datenfehlern zu beeinflussen.

Aus diesem Grunde ist eine sorgfältige Datenbereinigung vor der Benutzung von SPSS erforderlich. Falls in den Daten Leerspalten oder Mehrfachlochungen, die dem EBCDIC-Code zufällig entsprechen, vorkommen, muß der Benutzer die Variablen, bei denen er solche Fehler erwartet, als alphanumerische Variablen einlesen und mit der RECODE-Anweisung (CONVERT) zu numerischen Werten transformieren. Denn würden sie als numerische Variablen eingelesen, führte dies im Fall von Buchstaben oder Sonderzeichen nach Auftreten einer bestimmten Zahl dieser Fehler automatisch zum Programmabbruch; Leerspalten und Überlöscher würden nicht beanstandet, sondern fälschlich als 0 (Null) gelesen.

8.6 Zur Strategie bei der Suche formaler Fehler

Was bei der Suche nach Fehlern dieser Art den relativ neuen Benutzer des Computers am meisten verwirrt, ist die strikte, stupide Logik, die die Maschine anwendet. Das unter 8.3 gegebene Beispiel eines typischen DATA-TEXT-Fehlers und der daraus resultierenden Fehlerbotschaft ist recht typisch für diese anfangs verwirrende Art, Fehler festzustellen und mitzuteilen. Beanstandet wird formal eine Karte, die in Wirklichkeit "richtig" ist: eine völlig richtig abgelochte Fortsetzungskarte. "Falsch" ist die vorhergehende Karte, auf der ein Stern in der falschen Spalte gelocht wurde. Der Stern in der falschen Spalte führt jedoch dazu, daß die Folgekarte nicht als Fortsetzungskarte erkannt, sondern für eine neue Kontrollkarte gehalten wird. Und da sie vom Benutzer eben nicht als eine neue Kontrollkarte, sondern als eine Fortsetzungskarte geschrieben war, wird sie nicht als Kontrollkarte erkannt und prompt beanstandet.

Häufig ist ein beträchtlicher Teil der festgestellten und gemeldeten Fehler in Wahrheit eine Art Folgefehler: Wenn z.B. eine Variable namens CDU den CDU-Stimmenanteil in einem Gemeindesample angeben soll und wiederholt aufgerufen wird, aber im Variablendefinitionsteil des Programms versehentlich statt CDU CVU geschrieben wurde, wird jeder Aufruf der Variable CDU zu einem Fehler führen und als Fehler gemeldet werden. In Wirklichkeit ist jedoch nicht der Aufruf der Variablen in der richtigen Schreibweise falsch, sondern der Schreibfehler CVU im Variablendefinitionsteil. Aber da für den Computer der Inhalt seiner Tätigkeit völlig gleichgültig ist, bemerkt er nur die formale Unstimmigkeit: es wird eine Variable aufgerufen, die vorher nicht definiert wurde. Der Computer "lernt" also nicht. Der Benutzer kann unzählige Male statt einer Null den Buchstaben O ablochen (oder umgekehrt), das System wird immer wieder dieselbe Fehlermeldung ausdrucken und nie erkennen, daß der Benutzer in Wirklichkeit Null meinte.

Diese und ähnliche Nichtübereinstimmungen zwischen menschlichem Denken und der Logik der Maschine können dazu führen, daß der unglückliche Benutzer stundenlang über seinem Fehlerausdruck brütet, hin und her überlegt und den Fehler nicht finden kann. In einem solchen Fall ist es nützlich, nicht verbohrt weiterzusuchen, sondern lieber einen gleich kundigen Freund zu bitten, sich den Ausdruck einmal kurz anzusehen; ein unvoreingenommenes Auge sieht einen Fehler oft eher.

Wenn auch danach der Fehler noch nicht gefunden wurde, ist es nicht nützlich, einfach irgendwelche Veränderungen vorzunehmen, die "vielleicht" die Ursache beseitigen können; in der Regel hat dies genausowenig Erfolg wie das nochmalige Abgeben des gleichen, unveränderten Jobs "weil sich vielleicht die Maschine letztes Mal nur vertan hat". Denn in aller Regel haben solche Fehlermeldungen ihre Ursache in einem Fehler, und sei er auch noch so klein und unscheinbar wie ein blank, das irgendwo fehlt oder zuviel ist.

8.7 Die Entdeckung inhaltlicher Fehler

Findet der Benutzer schließlich einen umfangreich aussehenden Ausdruck seines Jobs vor, so sollte er sich nicht gleich übermäßig freuen. Bevor er von den Ergebnissen sich begeistern läßt oder inhaltliche Interpretationen vornimmt, sollte er die Ergebnisse auf ihre Plausibilität prüfen.

So sollte man sich alle Mittelwerte daraufhin anschauen, ob sie zwischen den legitimen Extremwerten liegen. Wenn in eine: Ausdruck für eine dichotome Variable mit den Ausprägungen 0 und 1 und einem Code von 9 für fehlende Werte in irgendeiner Teilgruppe eines Samples z.B. ein Mittelwert von 3,4 angegeben wird, dann ist dies ein sicheres Zeichen dafür, daß der Benutzer vergessen hatte, die richtige missing-data-option zu wählen. Produktmomentkorrelationskoeffizienten, di größer als 1,0 sind, sollten ebenfalls nicht zu irgendwelcher Freude über die Stärke der Beziehung Anlaß geben, sondern Anlaß zu größtem Mißtrauen geben, weil kein Koeffizient größer sein darf als seine Obergrenze. Wenn solche unzulässigen Ergebnisse vorkommen, sind alle anderen Ergebnisse desselben Programms ebenfalls mit größter Skepsis zu betrachten und dürfen auf keinen Fall inhaltlich interpretiert werden, bevor die Ursache des Fehlers nicht identifiziert und seine Auswirkungen eingegrenzt sind.

Neben derart formalen Plausibilitätskontrollen sind inhaltliche Plausibilitätskontrollen erforderlich, bevor überraschende neue Ergebnisse akzeptiert werden.

Wenn also eine wohletikettierte Tabelle ausweist, daß sich Unternehmer in viel stärkerem Maße für eine Mitbestimmung durch den DGB einsetzen als Arbeiter, dann sollte der Weg des Sozialforschers nicht sofort zur Schreibmaschine führen, um der staunenden wissenschaftlichen Öffentlichkeit dieses überraschende neue Ergebnis mitzuteilen; vielmehr sollte er gerade im Fall eines solchen Ergebnisses sehr sorgfältig alle seine Unterlagen schrittweise noch einmal darauf prüfen, ob wirklich alle Werte der Tabelle richtig etikettiert wurden, ob nicht u.U. durch einen Recode Werte von Ausprägungen von Variablen umgetauscht wurden usw.

8.8 Genauigkeit berechneter Maßzahlen

Die Systeme DATA-TEXT, OSIRIS und SPSS garantieren ein hohes Maß an Zuverlässigkeit der verwandten Analyseprogramme; der Benutzer kann den damit erzielten Ergebnissen mit wesentlich mehr Vertrauensvorschuß begegnen als jenen von eigens für ihn geschriebenen Analyseverfahren oder örtlich angebotenen Einzweck-Programmen. Dennoch darf der Benutzer sich nicht immer vollständig auf das Analysesystem verlassen.

So gibt es unterschiedliche Arten, bestimmte Koeffizienten zu errechnen, und verschiedene Techniken, Verfahren gleichen Namens anzuwenden. Der Benutzer sollte sorgfältig prüfen, welche Option von dem Analysesystem, das er benutzt, gewählt wurde. So wird z.B. der Koeffizient phi von SPSS (Tabellenprogramme) auch im Fall der Vierfeldertafel über chi^2 berechnet, so daß seine Extremwerte 0 und 1 sind; mit anderen Worten, phi hat kein Vorzeichen, wenn es so ermittelt wird. Anzunehmen, ein von FASTABS ausgewiesener positiver phi-Wert indiziere eine positive Beziehung, wäre ein vielleicht folgenschwerer Irrtum, wenn die Beziehung tatsächlich negativ ist.

Ein weiteres Problem sind Rundungsfehler, die unter bestimmten Bedingungen auftreten können. In manchen Unterprogrammen kann der Benutzer mit einer DOUBLEPRECISION-Anweisung die Zahl der Speicherstellen verdoppeln. In jedem Fall sind Prüfungen des Ergebnisses auf Rundungsfehler zu empfehlen.

9. Praktische Ratschläge für die Datenverarbeitung

9.1 Technische Planung von Datenanalysen

Wir hatten schon darauf hingewiesen, daß das Auftreten von Fehlern in der Datenverarbeitung eher die Regel als die Ausnahme ist, es sei denn, es handele sich um die vielfache Wiederholung bis ins kleinste erprobter und bewährter Programme mit sorgfältig geprüften Daten. Aber dies ist nicht der Normalfall sozialwissenschaftlicher Datenverarbeitung. In der Forschung wird ja versucht, neuen Ergebnissen auf die Spur zu kommen, und deswegen gleicht kaum ein Job bis ins letzte Detail einem vorherigen.

Der für den normalen Benutzer wohl kosten- und zeitaufwendigste Fehler ist es deswegen, einen Job nach dem anderen laufen zu lassen in der Vermutung, daß alles in Ordnung ist, ohne ausreichende Vorsichtsmaßnahmen zu treffen, daß alle Zwischenresultate aufbewahrt werden und ganz sicherzustellen, daß tatsächlich alles in Ordnung ist. Es ist einigermaßen häufig, daß ein Benutzer mehrere Jobs oder mehrere Jobschritte nacheinander laufen läßt und dann das Endergebnis sehr unbefriedigend findet, aber keins der Zwischenergebnisse ist irgendwo gespeichert. Wieder ganz von vorne anfangen zu müssen, ist eine recht unerfreuliche Erfahrung. Folgende Ratschläge haben sich als nützlich erwiesen:
Es ist ein systematischer Plan des beabsichtigten Vorgehens, z.B. in Gestalt eines Diagramms der beabsichtigten Jobs oder Jobschritte, aufzustellen. Ein solches Diagramm sollte die Namen der Dateien, Bandnummern und Dateiposition enthalten. Je komplizierter die Folge der Jobs oder Jobschritte ist, desto nützlicher ist ein solches Diagramm bei der Planung der einzelnen Schritte und bei der Kontrolle des tatsächlichen Ablaufs der Arbeit. Insbesondere bei OSIRIS

ist bei größeren Datenanalysen eine solche Vorgehensweise unerläßlich.

Bei jedem Ausdruck ist zu prüfen, ob der Jobschritt erfolgreich beendet oder aber abgebrochen wurde. Dazu ist sowohl der Ausdruck der Job Control Language auf das Vorkommen von System Completion Codes zu prüfen als auch der Ausdruck des Benutzerprogramms in DATA-TEXT, OSIRIS oder SPSS. DATA-TEXT meldet im Fall eines Fehlers "DECK DELETED DUE TO ..." . Die meisten OSIRIS-Programme melden bei richtigem Ablauf "NORMAL END OF JOB" oder "COMPLETE RUN OF ..."; bei Abwesenheit solcher Mitteilung am Ende des Ausdrucks ist zu sorgfältiger Prüfung auf Fehler zu raten, bevor mit den Ergebnissen weitergearbeitet wird. SPSS meldet am Schluß, ob das Programm erfolgreich ablief (NORMAL END OF JOB), wieviel Programmkarten gelesen und wieviel SPSS-Syntax-Fehler entdeckt wurden. Fast alle Benutzer werden mindestens zwei oder drei Dateien haben, die sie nacheinander benutzen werden. Ein sauberer Rohdatenbestand ist Ergebnis der Datenbereinigung und Eingabe für den Aufbau einer Systemdatei. Diese erste Systemdatei wird in der Regel wieder Eingabe sein für eine verbesserte Version der Systemdatei, die Transformationen, Korrekturen von Etiketten, Erweiterungen usw. enthält. Der Benutzer sollte die ersten beiden Dateien auf alle Fälle zumindest solange aufbewahren, bis er sich vergewissert hat, daß tatsächlich die letzte Systemdatei vollständig korrekt ist. Das Band, das die bereinigten Rohdaten und die erste Systemdatei enthält, sollte keinesfalls überschrieben werden, bevor nicht die zuletzt erstellte Systemdatei sich als richtig erwiesen hat. Der bereinigte Rohdatenbestand sollte zweckmäßigerweise nicht vor Abschluß der Arbeiten an demselben Projekt überschrieben oder anderweitig zerstört werden. Selbst dann nicht, wenn eine Systemdatei offenkundig fehlerfrei ist.

Eine der wichtigsten Regeln der praktischen Datenverarbeitung heißt nämlich "back up". Da in die Dateien sehr viel Arbeit eingegangen ist, ist es zweckmäßig, ein Doppel der Datei an einem anderen Ort aufzubewahren. Auch dann, wenn man sicher ist, daß das Rechenzentrum im nächsten Jahr bestimmt nicht abbrennt, kein Operateur zulassen wird, daß ein anderer Benutzer das eigene Band versehentlich überschreibt, sich also kurz und gut eigentlich kein Mißgeschick vorstellen kann, das den eigenen Daten zustoßen könnte. Trotzdem: zur Sicherheit empfiehlt es sich, eine zweite Kopie an einem anderen Ort aufzubewahren.

Das Aufbewahren aller Computerausdrucke kann zu enormen unübersichtlichen Papierstößen führen. Aber es wäre unsinnig, gleich allen Output, der in den nächsten Tagen nicht unbedingt benützt wird, wegzuwerfen. Systematisch aufbewahrt werden sollten wichtige Dokumentationsteile wie die Auflistung z.B. des Sortierprogramms, des Aufbaus der Systemdatei und der Variablentransformationen usw. und die Lochkarten des Programms der Erstellung der Systemdatei.

Hat eine Datei viele Fälle und zahlreiche Variablen, so ist es zweckmäßig, Programme erst zu testen, bevor sie mit der gesamten Zahl der Fälle und Variablen laufen. In allen Analysesystemen ist auf die eine oder andere Weise eine Prüfung des Programms auf formale Richtigkeit möglich; da dies nur sehr wenig Computerzeit beansprucht und wegen der geringen Zeitschätzung ein solcher Job bei den meisten Installationen eine hohe Priorität erhält, ist es zweckmäßig, als erstes eine Prüfung auf formale Richtigkeit vorzunehmen. Wenn die Fallzahl groß ist, empfiehlt es sich sodann, danach an einem kleinen Teil der Fälle eine weitere Prüfung des Programms auf seine inhaltliche Richtigkeit vorzunehmen. Solche Vorkehrungen mögen dem vor Selbstvertrauen in seine frisch erworbenen Fähigkeiten strotzenden Neuling sozialwissenschaftlicher Datenverarbeitung übervorsichtig vorkommen; aber seine erfahreneren Kollegen wissen, daß auf diese Weise nicht nur viel Computerzeit, sondern auch viel Zeit des Benutzers gespart werden kann.

Dabei sollte man die Prüfung seiner Programme nicht ausschließlich dem Computer überlassen. Bevor ein Job abgegeben wird, sollte der Benutzer sorgfältig an den Beispielen und den Regeln des Handbuches prüfen, daß er alle notwendigen Karten tatsächlich in der richtigen Reihenfolge abgibt. Namen und Nummern von Dateien, die verlangt werden, sollten dabei besonders sorgfältig geprüft werden. Wenn keine katalogisierte Prozedur benutzt wird, sollte der Benutzer nicht vergessen zu prüfen, ob er tatsächlich eine JOBLIB-Karte gleich hinter die JOB-Karte gesteckt hat, wenn er etwas anderes als ein Dienstprogramm des Computerherstellers verlangt; wenn keine JOBLIB-Karte vorhanden ist, müssen für alle Schritte eines Jobs STEPLIB-Karten direkt auf alle EXEC-Karten folgen.

9.2 Dokumentation

Mit guter, leicht verständlicher Dokumentation aller Schritte hilft man nicht nur anderen zu verstehen, was man unternommen hat, sondern spart häufig auch eigene Zeit. Variablen und ihre Werte zu etikettieren und bei komplexeren Variablentransformationen Kommentarkarten einzufügen, die erläutern, was hier warum wie transformiert wird, sind Arbeiten, die zunächst häufig überflüssig erscheinen, wenn eine Datei definiert oder Variablen transformiert werden. Die Zeit, die gespart wird, indem solche Dokumentation unterbleibt, ist aber meistens wesentlich kürzer als die Zeit, die später darauf verschwendet wird, unzureichend etikettierte Ausdrucke unter Blättern im Codebuch und Bekritzeln ausgedruckter Tabellen, wieder interpretierbar zu machen. Ein Fehlen zunächst so überflüssig erscheinender Kommentarkarten rächt sich später häufig dadurch, daß man sich in seinen eigenen Programmen nicht mehr zurecht findet.

Ausreichende Dokumentation ist kein Akt der Menschenliebe, sondern Ausdruck wohlverstandenen Eigeninteresses.

9.3 Mehrfachgelochte Karten

Besondere Probleme für den Datenanalytiker entstehen dann, wenn Daten verarbeitet werden sollen, bei deren Erstellung nicht an die Erfordernisse der Benutzung von Computern gedacht wurde. Immer wieder gibt es so originelle oder skurrile Ideen, Daten auf Lochkarten zu übertragen, daß es unmöglich ist, einen enumerativen Katalog aller denkbaren Fehler mit Abhilfemaßnahmen aufzustellen. Hier soll nur auf das häufigste Problem hingewiesen werden: mehrfachgelochte Lochkarten. Soviel Variablen wie nur irgend möglich auf einer einzigen Lochkarte unterzubringen war eine Tugend, als zur Verarbeitun nur Maschinen ohne Speichermöglichkeit zur Verfügung standen (Fachzählsortiermaschine). Für die Datenanalyse mit Computern ist dies außerordentlich hinderlich. Hindernisse dieser Art sind unvermeidlich, wenn alte Meinungsumfragen etwa zum Zweck des Zeitvergleichs Sekundäranalysen unterzogen werden. Aber auch Daten neueren Ursprungs befinden sich häufig in dieser Form, die für die Verarbeitung besondere Probleme bringt.

Die erste Schwierigkeit ist es, Daten dieser Art überhaupt einzulesen. Nicht alle Kartenleser von Computerinstallationen verfügen über die Zusatzeinrichtung, die es erlaubt, Lochkarten, die nicht den Regeln des vom Hersteller vorgeschriebenen Code (meistens BCD oder EBCDIC) entsprechen, überhaupt zu lesen. Wenn das Einlesen nicht schon technisch ausgeschlossen ist, macht es bei Anlagen, die mehrere Programme gleichzeitig verarbeiten (multiprogramming), oft administrative Schwierigkeiten. Es sind dann Sondervereinbarungen mit dem Rechenbetriebsleiter der Anlage zu treffen, um die mehrfachgelochten Daten einzulesen.

Ist dies erste Hindernis überwunden, sind im Prinzip die Probleme des Benutzers gelöst, dem DATA-TEXT zur Verfügung steht. Denn DATA-TEXT verfügt über Optionen, die die Verarbeitung so gearteter Daten zulassen (siehe Kapitel 15 des DATA-TEXT Primer). Spalten, die nur legitime Lochungen enthalten, können im wesentlichen behandelt werden, als seien die Daten einfachgelocht. Spalten mit Mehrfachlochungen werden zu Variablen mit mehreren Werten erklärt und können vom Benutzer mit einfachen Anweisungen zu normalen Variablen transformiert werden. Voraussetzung ist, daß die Daten spaltenbinär (column binary) eingelesen wurden.

Im "column binary mode" werden die Spalten nicht als Zeichen gelesen, sondern die einzelnen Lochungen werden Bit für Bit übertragen. Da in der Lochkarte in jeder Spalte bis zu 12 Lochungen möglich sind, werden zwei Bytes für jede Spalte benötigt. Eine 80spaltige Lochkarte, die spaltenbinär eingelesen wurde, entspricht also auf einem Magnetband ein logischer Satz von 160 Bytes.

Wegen der Schwierigkeiten des Lesens mehrfachgelochter Karten ist dazu zu raten, als ersten Schritt der Verarbeitung solche Daten auf ein Magnetband oder eine Magnetplatte zu übertragen. Im Fall einer im OS betriebenen IBM/360 oder /370 sind bei der Definition der Eingabeeinheit (Kartenleser) u.a. folgende Parameter zu verwenden: DCB=(RECFM=F, BLKSIZE=160,MODE=C). Ein so erstelltes Band anzudrucken , als enthielte es gültige Zeichen,wäre unsinnig.

Sollen Daten dieser Art zur Prüfung angedruckt werden, so muß hexadezimale Darstellung verlangt werden. Der hexadezimale Ausdruck kann mit Hilfe des Formblatts "IBM System /360 Reference Data" entschlüsselt werden, wenn die Art der Darstellung von mehrfachgelochten Karten bekannt ist. Die Entsprechung von Lochungen der Karte und Bits ist in Tabelle 7 dargestellt. Soll ein Magnetband, das mit spaltenbinär eingelesenen Karten beschrieben wurde, von 9-Spur nach 7-Spur oder umgekehrt kopiert werden, darf keine Übersetzung verlangt werden (DCB-Subparameter TRTCH darf nicht spezifiziert werden, wenn es sich um eine IBM/360 OS handelt). Beim Kopieren ohne Übersetzung werden die 6 relevanten Bits kopiert; die 2 Bits des 9-Spur-Bandes, die überzählig sind, bleiben dann unberücksichtigt.

Tab. 7 Lochpositionen und Bits in spaltenbinärer Darstellung (im System /360)

Lochung in Zeile	entspricht Bit	im Byte
12	3	1
11	4	1
0	5	1
1	6	1
2	7	1
3	8	1
4	3	2
5	4	2
6	5	2
7	6	2
8	7	2
9	8	2

Steht DATA-TEXT nicht zur Verfügung und gibt es kein anderes verfügbares Analyseprogramm, das den Zielen des Benutzers entspricht und mehrfachgelochte Karten verarbeiten kann, ist eine Umcodierung der Daten erforderlich. Falls zu diesem Zweck keine geeigneten Programme (wie z.B. das im Zentralarchiv für empirische Sozialforschung von Klaus Brothun entwickelte Programm RECODE) zur Verfügung stehen, muß für die Umcodierung ein Assembler-Programm geschrieben werden. In diesem Fall sollte der Benutzer prüfen, ob eine Neuverschlüsselung der Daten nach einem Codeplan, der den in Kapitel 2 aufgeführten Regeln genügt, möglich ist. Je geringer die Zahl der Einheiten ist, desto wahrscheinlicher ist es, daß so gegenüber Umcodierung mit einem eigens zu schreibenden Programm Zeit und Aufwand gespart werden können.

9.4 Unterprogramme

Auch wenn keines der Datenanalysesysteme, die hier erläutert wurden, zur Verfügung steht, ist der Sozialwissenschaftler nicht darauf angewiesen, daß für sein Analyseproblem völlig neue Programme entwickelt wurden. Von den meisten Computerherstellern werden nämlich für die gängigsten Analyseaufgaben Unterprogramme (subroutines) angeboten, die das Schreiben von Programmen z.B. in Fortran wesentlich erleichtern. So bietet z.B. IBM die Scientific Subroutine Package (SSP) und Siemens die Sammlung SIESTE an. Der Programmierer muß, wenn er diese Unterprogramme verwendet, im wesentlichen noch Anweisungen für Ein- und Ausgabe schreiben. Die Verwendung solcher Unterprogramme ist zwar umständlicher als die Benutzung von Analysesystemen, die Datenmanagement und Datenanalyse zu leisten imstande sind, jedoch wesentlich weniger aufwendig als die Entwicklung völlig neuer Programme für Probleme, die die Routineprobleme sozialwissenschaftlicher Datenverarbeitung sind.

Jedoch sollte der Benutzer kein unbegrenztes Vertrauen in alle Programme setzen, die von Computerherstellern angeboten werden. Nicht alle dieser Programmpakete sind durchgängig fehlerfrei, und der Benutzer tut gut daran, durch sorgfältige Prüfung sicherzustellen, daß das Programm tatsächlich das leistete, was von ihm erwartet wurde, bevor er die von ihm gelieferten Ergebnisse inhaltlich interpretiert.

9.5 Programmbibliotheken

Falls für ein bestimmtes Analyseproblem die verfügbaren Analysesysteme keine Lösung anbieten oder falls der Hauptspeicher der einzigen verfügbaren Rechenanlage für ein Analysesystem zu klein ist, muß auch dann nicht immer ein völlig neues Programm entwickelt werden, wenn die Bibliothek von Unterprogrammen des Computerherstellers nicht über entsprechende Routinen verfügt. Um Doppelarbeiten zu vermeiden, sollte festgestellt werden, ob ein Programm, das dem Problem und der jeweiligen Datenverarbeitungsanlage gerecht wird, in einer Programmbibliothek bereits vorhanden ist. Z.B. der National Program Library und Central Program Inventory Service (NPL/CPIS), der mit Unterstützung der National Scienc Foundation von der University of Wisconsin (Madison) betrieben wird, dokumentiert eine Vielzahl von Programmen, die für die Sozialwissenschaften relevant sind.

Allerdings ist es nützlich, die Erwartungen an Programmbibliotheken realistisch zu formulieren. Eine Programmbibliothek kann unter Umständen viel Doppelarbeit ersparen, wenn sie gut dokumentierte Programme zur Verfügung stellen kann, die ohne größere Umstellungsarbeiten und dabei auftretenden Kompatibilitätsprobleme den Wünschen des Benutzers gerecht werden. Wie der im folgenden zitierte Bericht über den Aufbau einer Programmbibliothek an der Stanford Universit zeigt, wäre es jedoch falsch, an Programmbibliotheken allzuhohe Erwartungen zu stellen:
"Während diese Bibliothek einige unserer elementarsten Bedürfnisse erfüllte, waren Forschung und Lehre, die Datenanalyse erforderten, nach wie vor eine sehr frustrierende Sache. Jedes der Programme hatte seine eigenen Konzepte und Syntax, und folglich verwandten wir ein unerträgliches Maß an Zeit darauf, Benutzer zu unterrichten, wie sie viele verschiedene Einzweckprogramme verwenden konnten, welche vonein-

ander so verschieden waren, daß praktisch kein Transferlernen stattfand. Die Programme waren in vielen verschiedenen Sprachen geschrieben, und folglich, wenn ein Problem in einem von ihnen auftrat, war es außerordentlich schwierig, das Programm zu prüfen, um den Fehler zu finden. Ferner sahen wir bald, daß sozialwissenschaftliche Datenanalyse in der Praxis zu vier Fünfteln Datenbereinigung und Datenmanagement war und nur zu einem kleinen Teil wirkliche statistische Analyse. Schließlich fanden wir heraus, daß das allgemeine Niveau der Dokumentation miserabel war. Viele Programmbeschreibungen, wenn es überhaupt Programmbeschreibungen gab, waren kryptisch bis obskur. Es schien eine allgemeine Tendenz dahin zu gehen, Programmdokumentation für Datenanalyseprogramme in der Art, die man in der mathematischen Literatur findet, vorzubereiten, und dies war für den durchschnittlichen sozialwissenschaftlichen Benutzer einfach unangemessen. Kurz, nach einem Jahr Erfahrung mit einer solchen Programmbibliothek hatten wir das Gefühl, daß der Zustand nur wenig besser war als der, von dem aus wir begonnen hatten. Tatsächlich kam es uns oft so vor, daß wir in Wirklichkeit einfach das allgemeine Frustrationsniveau dadurch angehoben hatten, daß wir die Verfügbarkeit von Programmen ankündigten, die nicht effizient gelehrt, einfach angewandt oder hinreichend unterstützt werden konnten." (26, pp. VII-VIII)

Weitere Angaben über Programmbibliotheken werden von Allerbeck (3) gemacht.

1o. Zur Strategie der Datenanalyse mit Computern

Die Verfügbarkeit von Großrechenanlagen und Analysesystemen hat für die Datenanalyse eine Vielzahl neuer Möglichkeiten erschlossen. Im Effekt befreien sie den Datenanalytiker von dem Zwang der Anpassung an Kapazitätsbeschränkungen. Für die sinnvolle Wahrnehmung der neuen Möglichkeiten ist es erforderlich, daß der Forscher nicht zum Sklaven des technisch leicht handhabbaren Instrumentariums wird, sondern das Instrumentarium bewußt für seine Ziele einsetzt. Die Auswahl und Verwendung bestimmter Programme hat sich nach den Analyseabsichten des Forschers zu richten; nicht aber darf die Reichweite der Problemstellung des Forschers durch das bestimmt werden, was technisch am einfachsten zu realisieren ist.

Die neuerschlossenen Möglichkeiten sollten dazu zwingen, herkömmliche Vorgehensweisen bei der Planung und Durchführung von empirischen Erhebungen daraufhin zu überprüfen, wie die Analysemöglichkeiten im Sinne des theoretisch Intendierten durch Veränderung der herkömmlichen Abfolge der einzelnen Schritte bei der Durchführung der Untersuchungen am besten realisiert werden können. Die herkömmliche Abfolge von Datensammlung, Datenaufbereitung und Auswertung ist angesichts der heutigen Möglichkeiten für große Bereiche der Sozialforschung einfach nicht mehr adäquat. Die Zugänglichkeit von Archiven für Umfragen kann es ermöglichen, durch Sekundäranalysen früherer Studien Primärerhebungen präziser zu planen, methodisch sauberer anzulegen und bei der Datensammlung tatsächlich all jene Variablen zu berücksichtigen, die in der Analysephase als theoretisch relevant erscheinen. Die systematische Analyse der Ergebnisse kleiner Vorstudien macht es möglich, neue Instrumente wie z.B. Skalen und Fragenbatterien in effizienter Weise zu entwerfen und Schätzwerte für die Verteilung von Parametern in der jeweiligen Population zu gewinnen, so daß es möglich wird, Stichprobenart- und -umfang so zu bestimmen, daß sowohl der Kostenbegrenzung wie der Art der beabsichtigten Aussagen Genüge getan wird. Sekundäranalyse und die sorgfältige Analyse von Vorstudien mit kleinen Samples (nicht zu verwechseln mit einfachen Pre-Tests von Fragebogen) ermöglichen es, spezifische Hypothesen zu formulieren, die an den Daten der Haupterhebung später geprüft werden können.

Die Verfügbarkeit eines neuen technischen Instrumentariums setzt die Grundsätze der Logik der Forschung und der Wissenschaftslehre keineswegs außer Kraft. Einer der Grundsätze, gegen die in der Forschungspraxis gegenwärtig wohl am häufigsten verstoßen wird, ist jener, daß Hypothesen, die durch Konfrontation mit Daten bestätigt oder widerlegt werden sollen, vor dieser Gegenüberstellung mit den Daten explizit formuliert sein müssen; d.h., daß für die Überprüfung einer Hypothese nicht derselbe Datensatz benutzt werden kann, bei dessen Auswertung diese Hypothese erst formuliert wurde. Beim derzeitigen Stand sozialwissenschaftlicher Theoriebildung ist allerdings die Formulierung spezifischer Hypothesen ohne Analyse von Datensätzen nur auf sehr wenigen Gebieten in einigem Umfang möglich. Meistens bleibt der Forscher darauf verwiesen, durch explorative Datenanalysen zu spezifischen Hypothesen zu gelangen. Der beschriebene Ablauf von Untersuchungen, in dem die Auswertung nicht erst am Ende des Untersuchungsablaufs, sondern schon an seinem Beginn steht, macht es möglich, dem Grundsatz der Überprüfung von Hypothesen an unabhängigen Datenbeständen gerecht zu werden.

Demgegenüber ist es ein Mißbrauch der neuen Möglichkeiten, das herkömmliche Ablaufschema von Untersuchungen anzuwenden und am Ende, wenn die Daten vorliegen, einfach einmal alles gegen alles zu tabellieren oder alle Variablen mit allen anderen zu korrelieren und dann eine dem Vorverständnis des Forschers isomorphe Auswahl von signifikanten Beziehungen zu treffen und inhaltlich zu interpretieren und dabei auch noch so zu tun, als handle es sich um Hypothesen, welche durch eine empirische Erhebung bestätigt seien. Ein solches Vorgehen war schon tendenziell gebräuchlich, als Sortiermaschinen ohne Speichermöglichkeit das einzige Instrumentarium der Datenanalyse waren; die Möglichkeit, diese Art von Fehler durch Computer mit wesentlich größerer Geschwindigkeit und großer Systematik zu begehen, hat die Gefahren eines solchen Vorgehens für die Wissenschaft exponential vergrößert. Deswegen kann vor solchem Vorgehen nicht nachdrücklich genug gewarnt werden. Deswegen sollte jeder kritische Leser von Forschungsberichten alle Aussagen, diese oder jene Hypothese sei von den Daten bestätigt worden, daraufhin befragen, was der Ursprung dieser angeblich von Daten bestätigten Hypothese sei. Dabei versteht es sich, daß Hypothesen im Zusammenhang der Theoriebildung zu stehen haben und demgemäß nicht schon dann von Hypothesen die Rede sein kann, wenn nur behauptet wird, Indikator x korreliere positiv mit Indikator z, ohne daß eine korrespondierende Hypothese über den Zusammenhang der entsprechenden Variablen besteht. Der Begriff "Variable" im Kontext eines Computerprogramms ist dabei durchaus nicht identisch mit dem Begriff "Variable" im Sinne der Wissenschaftstheorie. "Variablen" (hier im Sprachgebrauch des Computerprogramms) werden in der Regel nur Indikatoren (oder Operationalisierungen) theoretischer Konzepte (bzw. Variablen im Sinne der Wissenschaftstheorie) sein können. Aber nur dann, wenn es sich bei den Variablen des Computerprogramms, über deren Zusammenhang Sätze postuliert werden, explizit um Operationalisierungen theoretischer Konzepte handelt, sind solche Sätze als Korrelat von Hypothesen zu verstehen.

Die Erweiterung der Analysemöglichkeiten hat den Charakter der Datenanalyse selbst verändert. Ein einziger, vorher formulierter Auswertungsplan, der eine bestimmte Anzahl von Beziehungen ermittelt und mit dessen Befolgung die Analyse der Daten abgeschlossen ist, ist in der Regel unzureichend.

Wenn die Ergebnisse bivariater Beziehungen vorliegen, ist häufig die Einführung von Drittvariablen zur Kontrolle wünschenswert; multivariate Modelle sind nach Kenntnis der ersten Analyseschritte häufig umzuformulieren. Analyse von Daten ist also nicht ein einmaliger Vorgang, sondern verlangt vielmehr die beständige Interaktion des Forschers mit seinen Daten, die von theoretischen Intentionen geleitet sein sollte. Ergebnis dieses Interaktionsprozesses kann dann e ein Modell sein, das den Forscher theoretisch befriedigt und mit den vorhandenen Daten vereinbar ist; damit ein solches Modell indessen als bestätigt gelten darf und mehr als nur Hypothesencharakter hat, muß es an einem anderen, unabhängigen Datenbestand geprüft werden.

Die in diesem Band vorgestellten Analysesysteme erleichtern die Interaktion des Forschers mit seinen Daten gegenüber früheren Vorgehensweisen beträchtlich. Da sie aber durchweg für Stapelverarbeitung konzipiert sind, ist der unmittelbare Dialog des Forschers mit seinen Daten mit keinem dieser Systeme voll möglich. Zwar können alle diese Systeme auch von Terminals aus betrieben werden und bei hinreichend kurzer Antwortzeit des Computersystems den Dialog mit den Daten erleichtern; wirklich interaktive Datenanalysesysteme,die auch nur annähernd so leistungsfähig wären wie die hier diskutierten Systeme für Stapelverarbeitung, stehen indessen noch nicht zur Verfügung (4). Es ist zu erwarten, daß die Entwicklung gerade auf diesem Gebiet rapide weitergeht und in einigen Jahren leistungsfähige interaktive Datenanalysesysteme zur Verfügung stehen, die sich besonders auf die Bewältigung derjenigen Aufgaben einstellen, die den Dialog mit den Daten erfordern, und andere Problemtypen, für die Stapelverarbeitung nach wie vor das geeignetste Vorgehen ist, den in ihrem jetzigen Zustand bereits weitgehend ausgereiften Datenanalysesystemen für diese Konzeption überlassen. Die Kenntnis der hier diskutierten Systeme wird auch dann, wenn solche tatsächlich interaktiven Systeme zur Verfügung stehen, keineswegs obsolet sein. Die Erfahrungen mit bisherigen Systemen zeigen vielmehr, daß ein echtes Transferlernen möglich ist. Die Kenntnis eines Analysesystems für Stapelverarbeitung erleichtert das Erlernen anderer Systeme für Stapelverarbeitung wesentlich. Und die Kenntnis irgendeines dieser Systeme wiederum vereinfacht die Benutzung neuentwickelter Analysesysteme für den Dialogbetrieb erheblich.

Die Analyse von Daten unter Verwendung von Computern ist keine Wissenschaft für sich. Der Einsatz des modernen technischen Instrumentariums ist kein Ausweis für die Güte der Ergebnisse, die damit erzielt wurden. Je weiter und je rascher die Verwendung von Großrechenanlagen zur Analyse sozialwissenschaftlicher Daten zum Alltag der Forschung wird, desto eher wird sich die Verwirrung von Mitteln und Zwecken beheben lassen, die mancherorts anzutreffen ist und Großrechenanlagen zu einem zeitgemäßen Statussymbol von modernen Sozialwissenschaftlern werden läßt. Computer können für die sozialwissenschaftliche Datenanalyse nie mehr sein als Mittel zum Zweck. Durch sinnvollen Einsatz von Computern kann die Gewinnung theoretisch relevanter, methodisch gesicherter Ergebnisse wesentlich erleichtert werden. Die bloße Verwendung des jeweils modernsten technischen Apparats jedoch kann Ergebnissen, die nicht theoretisch von Belang und methodisch validiert sind, nichts von ihrer Irrelevanz nehmen.

Literaturverzeichnis

(1) Klaus R. Allerbeck, Soziale Bedingungen für studentischen Radikalismus, Dissertation Köln 1970.

(2) _______, Data Analysis Systems: A User's Point of View, Social Science Information, Bd. 10 (1971) Heft 3,pp. 23 - 35

(3) _______, Report on the Workshop on Computer Programming Systems for the Social Sciences, Social Science Information, Bd. 10 (1971), Heft 3, pp. 39 - 46

(4) _______, Datenanalysesysteme für die Sozialwissenschaften, in: Soziale Welt, Bd. 21/22, 1970/1971, Heft 4

(5) Frank M. Andrews et al., Decision Tree for Selecting Statistics, Ann Arbor, Michigan 1971 (Institute for Social Research, hektographiert)

(6) F. Anscombe und J.W. Tukey, The Examination and Analysis of Residuals, Technometrics, Bd. 5, 1963, pp. 141 - 160

(7) David J. Armor und Arthur S. Couch, The DATA-TEXT Primer, New York 1972

(8) Hubert M. Blalock, Causal Inference in Non-Experimental Research, Chapel Hill, North Carolina 1964

(9) _______, Theory Building and Causal Inferences, in H.M. Blalock und A.B. Blalock (Hrsg.), Methodology in Social Research, New York 1968, pp. 155 - 198

(10) Herbert L. Costner, Criteria for Measures of Association, American Sociological Review, Bd. 30 (Juni 1965) Heft 3, pp. 341 - 352

(11) W.J. Dixon (Hrsg.), BMD: Biomedical Computer Programs, Berkeley, Cal. 1968

(12) Otis Dudley Duncan, Partials, Partitions and Paths, in: Edgar F. Borgatta und George W. Bohrnstedt (Hrsg.), Sociological Methodology 1970, San Francisco 1970, pp. 38 - 47

(13) L. Guttman, A General Nonmetric Technique for Finding the Smallest Coordinate Space for a Configuration of Points, Psychometrika, Bd. 33, Heft 4, 1968, pp. 469 - 506

(14) Theodor Harder, Elementare mathematische Modelle in der Markt- und Meinungsforschung, München-Wien 1966

(15) Harry H. Harman, Modern Factor Analysis, Chicago 1967

(16) IBM System/360 Operating System: Concepts and Facilities. IBM form C28-6535-4

(17) ICPR, OSIRIS II - OS Users Manual, Ann Arbor,Mich. 1971

(18) Henry F. Kaiser, Image Analysis, in Chester W. Harris (Hrsg.), Problems in Measuring Change, Madison 1963

(19) _____, und John Caffry, Alpha Factor Analysis, Psychometrika, Bd. 30, 1965, pp. 1-14

(20)J.B. Kruskal, Multidimensional Scaling by Optimizing Goodness of Fit to a Non-Metric Hypothesis, Psychometrik Bd. 29, 1964, pp. 1-27

(21) _____, Nonmetric Multidimensional Skaling: A Numerical Method, Psychometrika Bd. 29, 1964, pp. 115 - 130

(22) D.L. Lawley und Albert E. Maxwell, Factor Analysis as a Statistical Method, London 1963

(23) Bernhardt Lieberman (Hrsg.), Contemporary Problems in Statistics, New York, London und Toronto 1971

(24) Duncan MacRae, Issues and Parties in Legislative Voting, Chicago 1970

(25) Frederick Mosteller, Association and Estimation in Contingency Tables, Journal of the American Statistical Association, Bd. 63, 1968, pp. 1-28

(26) Norman Nie et al., SPSS - Statistical Package for the Social Sciences, New York 1970

(27) C. Radhakrishna Rao, Estimation and Tests of Significance in Factor Analysis, Psychometrika Bd. 20 (1955), pp. 93-111

(28) William W. Rozeboom, Foundations of the Theory of Prediction, Homewood, Ill. 1966

(29) R.J. Rummel, Applied Factor Analysis, Evanstown 1971

(30) Heinz Sahner, Schließende Statistik (Statistik für Soziologen 2), Stuttgart 1971

(31) Erwin K. Scheuch, Entwicklungsrichtungen bei der Analyse sozialwissenschaftlicher Daten, in René König (Hrsg.),

Handbuch der empirischen Sozialforschung, Bd. 1, 2. Auflage, Stuttgart 1967, pp.655 - 685

(32) J. Schwartz, in E. Nagel et al., (Hrsg.), Logic, Methodology and Philosophy of Science, Stanford 1962, pp. 356 - 360.

(33) Hanan C. Selvin und Alan Stuart, Data-dredging in Survey Analysis, The American Statistician, Juni 1966, pp. 2o-23

(34) Hanan C. Selvin, in Robert Bierstedt (Hrsg.), A Design for Sociology: Scope, Objectives, and Methods, Philadelphia 1969, pp. 129 - 136

(35) Warren S. Torgerson, Theory and Methods of Scaling, New York, London und Sidney 1958

(36) Karl Überla, Faktorenanalyse, Berlin, Heidelberg und New York 1968

GPSR Compliance

The European Union's (EU) General Product Safety Regulation (GPSR) is a set of rules that requires consumer products to be safe and our obligations to ensure this.

If you have any concerns about our products, you can contact us on ProductSafety@springernature.com

In case Publisher is established outside the EU, the EU authorized representative is:

Springer Nature Customer Service Center GmbH
Europaplatz 3
69115 Heidelberg, Germany

Batch number: 10815962

Printed by Printforce, the Netherlands